EME'NAGE
DES CHAMPS
ET DE LA VILLE,
OU LE NOUVEAU
JARDINIER
FRANCOIS
;
ACCOMMODE'
U GOUST DU TEMPS.

ENSEIGNANT,

out ce qui se doit mettre en pratique pour
cultiver parfaitement les Jardins fruitiers,
potagers, & fleuristes, avec un Traité des
Orangers, le tout suivy d'un Traité de
la Chasse & de la Pêche. Seconde partie du
Ménage des Champs.

A PARIS, AU PALAIS,

Chez DAMIEN BEUGNIE', dans la
grande Salle, au pillié des Consultations,
au Lion d'Or.

M. DCC XV.
AVEC PRIVILEGE DU ROY.

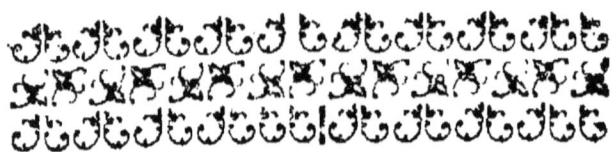

PREFACE.

L'Heureux succés que ce Livre a eu dans la premiere édition, fait esperer que le Public ne le reçevra pas moins favorablement aujourd'huy, non seulement par les matieres utiles & interressantes dont il étoit rempli, mais encore par celles dont il est tres considerablement augmenté.

Ce Volume, proprement parlant, contient les plaisirs innocens que l'esprit peut goûter à la ville égallement comme à la campagne, on y a rien omis pour en rendre la pratique aisée & à la portée de ceux qui veulent s'y appliquer. On y parle des Jardins dans toute leur étenduë, soit qu'il faille en ameliorer la terre pour en rendre les productions heureuses, soit qu'il soit question de les conduire lors qu'on les plante, ou qu'ils sont déja plantez.

Ces Jardins se distribuent en potagers & fruitiers & en Jardins pour les fleurs, ajoûtez à cela les Pepinieres dont on fait un Traité tout particulier. On y enseigne la maniere de cultiver les Figuiers & la Vigne, & ceux qui se plaisent à élever & gouverner des Arbres, Arbustes & Arbrisseaux, pour l'ornement des Jardins de propreté, y trouvent dequoy se satisfaire là-dessus.

La culture des fleurs de toutes sortes n'y est point oubliée, c'eſt un amuſement auquel s'adonnent la pluſpart des honneſtes gens, ainſi que la Taille des Arbres & les moyens de les rétablir lors qu'ils leur eſt arrivé quelque inconvenient.

Le Jardin potager y eſt traité dans toute ſon étenduë, & ſi quelque curieux en jardinage ſouhaite gouverner des Orangers, il y trouvera tout ce qui eſt neceſſaire qu'il ſache pour cela.

Du jardinage on paſſe aux chaſſes differentes qui ſe font â la campagne, on en donne des inſtructions tres faciles pour aider ceux qui aiment ce noble exercice, & ce Livre enfin ſe termine par la Peſche de toutes ſortes de poiſſons qui n'eſt pas un paſ- ſe temps moins agreable &

moins utile que tous ceux
dont on a parlé dans cet ouvrage.

TABLE
DES CHAPITRES

Contenus au present Volume.

ã iiij

Traité des Chasses , de la Venerie &
de la Fauconnerie , avec la maniere
de connoître les bons chiens , & une
instruction aisée pour la pesche . 317.

Table

Fin de la Table de Chapitres.

APPROBATION.

J'Ay lu par ordre de Monsei-
gneur le Chancelier, un livre en deux volumes compo-
sés de plusieurs parties, dont
les unes sont manuscrites & les
autres imprimées , & le tout
intitulé, *Le Ménage des Champs*
& de la Ville, & le Jardinier

françois accommodés au goust du temps &c. Je n'ai rien trouvé dans cet ouvrage qui m'ait paru devoir empêcher qu'il ne soit donné au public, je croi même qu'il pourra lui être utile. Fait à Paris ce 4. Septembre 1713.

La marque TILLADET.

PRIVILEGE DU ROY.

LOUIS par la grace de Dieu, Roy de France & de Navarre, A nos amez & feaux Conseillers les Gens tenans nos Cours de Parlement, Maîtres des Requestes ordinaires de notre Hôtel, Grand-Conseil, Prevôt de Paris, Baillifs, Senéchaux, leurs Lieutenans Civils, & autres nos Justiciers qu'il apartiendra, SALUT. Notre bien amé DAMIEN BEUGNIE', Libraire à Paris, Nous ayant fait remontrer qu'il desireroit faire reimprimer avec des augmentations, *Le Ménage des Champs & de la Ville, & le Jardinier françois accommodés au goût du temps* , s'il Nous plaisoit luy accorder nos Lettres de continuation de Privilege sur ce necessaires, Nous avons permis & permettons par ces Presentes audit B E U G N I E' de faire reimprimer ledit livre en un ou plusieurs volumes, en telle forme, marge, caractere, conjoinctementouseparément, & autant de fois que bon lui semblera, & de le vendre , faire vendre & debiter par tout nôtre Royaume , pendant le temps de six années consecutives, à compter du jour de la datte desdites Présentes. Faisons défenses à toutes sortes de personnes, de quelque qualité & condition qu'elles puissent être d'en introduire d'impression étrangere dans aucun lieu de notre obéissance : & à tous Imprimeurs , Libraires & autres, d'imprimer, faire imprimer, vendre , faire vendre ou debiter ledit Livre cy-dessus énoncé en tout ou en partie, ny d'en faire aucuns extraits , sous quelque pretexte que ce soit, d'augmentation, correction, changement de titre , Impression étrangere ou autrement sans le consentement par écrit dudit Exposant, ou de ceux qui auront droit de lui , à peine de confiscation des Exemplaires contrefaits , de trois mil livres d'amende contre chacun des contrevenans , dont un tiers à Nous, un tiers à l'Hôtel-Dieu de Paris, l'autre tiers audit Exposant, & de tous dépens , dommages & interêts ; à la charge que ces Présentes seront enregistrées tout au long sur le Registre de la

Communauté des Imprimeurs & Libraires de Paris, & ce dans trois mois de la datte d'icelles ; que l'impreſſion dudit Livre ſera faite dans notre Roïaume & non ailleurs, en bon papier & en beaux caracteres, conformément aux Reglemens de la Librairie ; & qu'avant que de l'expoſer en vente, il en ſera mis deux Exemplaires dans notre Bibliotheque publique, un dans celle de notre Château du Louvre, & un dans celle de notre très - cher & feal Chevalier Chancelier de France le ſieur Phelypeaux Comte de Pontchartrain, Commandeur de nos Ordres ; le tout à peine de nullité des Preſentes ; du contenu deſquelles vous mandons & enjoignons de faire jouir l'Expoſant ou ſes ayans cauſe, pleinement & paiſiblement ſans ſouffrir qu'il leur ſoit fait aucun trouble ou empêchement. Voulons que la copie deſdites Preſentes, qui ſera imprimée au commencement ou à la fin dudit Livre, ſoit tenuë pour dûement ſignifiée, & qu'aux Copies collationnées par l'un de nos amés & feaux Conſeillers & Secretaires foi ſoit ajoûtée comme à l'Original. Commandons au premier notre Huiſſier ou Sergent de faire pour l'execution d'icelles tous Actes requis & neceſſaires ſans demander autre permiſſion, nonobſtant Clameur de Haro, Charte Normande & Lettres à ce contraires : CAR tel eſt notre plaiſir. DONNE' à Verſailles le vingt-quatriéme jour du mois de Juillet, l'an de grace mil ſept cens treize, & de notre

Regne le soixante & onziéme. Par le Roy en son Conseil.

FOUQUET.

Registré sur le Registre Num. 3. de la Communauté des Libraires & Imprimeurs de Paris, pag. 679. Num. 763. conformément aux Reglemens, & nottamment à l'Arrêt du Conseil du 13. Août 1703. à Paris ce 28. Novembre 1713.

Signé, C. ROBUSTEL, *Syndic.*

Et ledit sieur Beugnié a fait part du present Privilege à Michel David, pour en jouir suivant l'accord fait entre eux.

Le Ménage des Champs & de la Ville, ou le nouveau Cuisinier François, se vend 2. livres 10. sols.

Le Ménage des Champs & de la Ville ou le nouveau Jardinier François, 2. livres.

LE NOUVEAU
JARDINIER
FRANÇOIS.

CHAPITRE PREMIER.

LE JARDINAGE.

De la situation & fonds d'un Jardin, & des moyens d'ameliorer les terres défectueuses, avec le choix d'un Jardinier.

COMME la terre est le premier fondement sur lequel il faut établir pour faire des Jardins, & que la fecondité plus ou moins grande

A

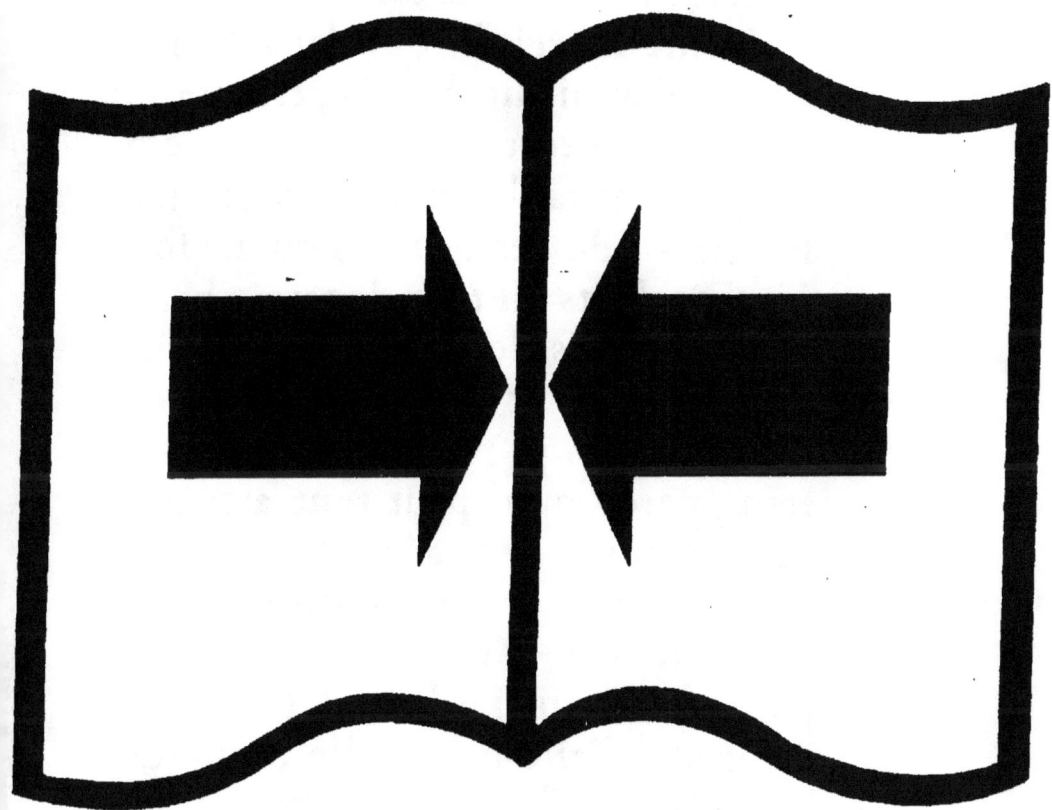

Reliure serrée

de ce dernier dépend du plus ou moins de fels dont cette terre eft remplie, il eft donc effentiel d'abord d'en fçavoir la qualité.

Heureux celui, qui dans l'envie qu'il a d'avoir un Jardin, trouve un bon fond de terre ; comme par exemple, de ces fables noiâtres & fubftantiels ; de ces terroirs qui ne font ni trop forts ni trop legers, beaucoup remplis de fels, & profonds de deux pieds & demi à trois pieds. Celui-là, dis-je, a lieu d'être content, parce qu'il peut tout attendre de fes foins & de fa dépenfe.

Mais pour entrer davantage en connoiffance d'une terre deftinée pour faire un Jardin, il faut voir d'abord fi d'elle-même elle donne de belles productions ; & fi par le fecours de la culture ou de l'art, on peut en efperer quelque chofe d'avantageux.

On confiderera encore fi cette terre peut aifément fe labourer. Les terres humides ne valent rien pour les Jardins, il y faut trop de dépenfe pour les rendre bonnes ; & encore a-t-on bien fouvent de la peine d'en

faire quelque chose de bon avec bien
de la dépense.

Il faut encore rejetter pour les jardins les terres qui sont trop sablonneuses aussi bien que les trop humides, telles que sont les terres maréca-
geuses, ou trop fortes, ou celles qui
approchent de la glaise ; & quant à
la profondeur, si on peut la trouver
comme on a dit, à la bonne heure.

Si cette profondeur neanmoins ne
se rencontre pas, & qu'il y ait seulement un bon pied & demi de bonne
terre, tout y réüssira assez, pourveu
qu'on foüille entierement le Jardin,
jusques seulement à la mauvaise terre qu'on ne tirera point dessus, mais
qu'on labourera d'un bon demi pied,
& qu'on laissera dans le fond.

On commence pour cela à ouvrir
une tranchée de quatre à cinq pieds
de large, ou de toute la longueur du
terrein que vous voulez foüiller, cela dépend du nombre plus ou moins
grand d'ouvriers que vous avez.

Cette foüille se fait en jettant les
terres toutes devant soy, & commençant toûjours à ouvrir la tranchée dans le bas de la pente que le

A ij

Jardin peut avoir ; obfervant en cela ce que font les Jardiniers , quand ils veulent becher un quarré ou une planche de Jardin.

Votre tranchée étant vuidée , & curée , on la remplit de la terre de celle qu'on ouvre enfuite ; ainfi fuccéſſivement , jufqu'à ce que tout ce qu'on veut foüiller du Jardin le foit entierement.

Quant à la fituation du Jardin , il eſt vrai qu'il en eſt de plus favorables les unes que les autres ; mais comme on ne prétend pas ici gêner perſonne là-deſſus , on ſe ſervira des lieux tels qu'on les aura , pourvû qu'ils ſoient bien expoſez au Soleil , & point ombragez de grands bois ; on peut alors en tirer du profit : ne faire point d'eſtime des terres argileuſes , lourdes , humides & froides ; elles ne ſont nullement propres pour les Jardins.

Si en foüillant votre terre , il s'y rencontre des pierres dans le fond , il faudra les piocher un bon demi pied , & les laiſſer ſans les ôter ; cela n'empêchera point les racines des arbres de végeter , bien au contraire elles ſervent à filtrer les terres , & à en détacher plus aifément les fels. Le meilleur temps de foüiller les terres, eft depuis le mois d'Octobre jufqu'à la fin de Décembre, fi le temps le permet.

Autrefois les curieux en Jardins faifoient paffer leur terre à la claye ; on le peut encore faire, fi on veut, mais la dépenfe en eft grande, & cette maniere d'agir ne peut convenir qu'aux terroirs trop pierreux.

La forme de cette claye eft un chaffis de menuiferie de deux poûces d'épais, de fix pieds de haut, & de cinq de large, lequel a deux traverfes dans fa hauteur de la même groffeur du chaffis, & toutes les quatre piéces qui traverfent font percées également de la groffeur des baguettes, femblables à celles dont fe fervent les chandeliers.

Les trous font diftans les uns des autres d'un travers de doigt, les baguettes de coudre font celles qui durent plus long temps fans fe corrompre. Il faut que le haut & le bas du chaffis foient percez à jour, afin que lorfqu'il y aura des baguettes de rompuës, on puiffe en remettre facilement d'autres , les arrêtant avec des petits coins de bois par les bouts , de peur qu'elles ne coulent hors du chassis.

Il est de ces clayes à plus juste prix, & sans tant de façon , elles se font de roüettes de chêne ou de coudre qui sont des baguettes fort pliantes , c'est un ouvrage de vanier , & un instrument dont se servent les maçons pour passer leurs gravois.

Les arbres plantez dans les vallées, portent plus de fruits que ceux qu'on met dans les plaines , ceux des plaines plus que ceux des collines , mais ces derniers ont un goût plus relevé.

Pour ce qui regarde la distribution ordinaire des Jardins fruitiers & potagers, il est constant que la meilleure & la plus commode , est celle qui se fait , autant qu'il est possible , par des quarrez conduits de maniere que la longueur soit un peu plus étenduë que la largeur ; il faut aussi donner à ces Jardins des allées convenables au terrein qu'ils contiennent ; cela regarde l'habileté des Jardiniers qui les dressent.

Il faut que les allées les moins lar-

ges d'un potager ayent six à sept
pieds de largeur ; & les plus larges,
quelque longues qu'elles puissent
être, ne doivent pas avoir plus de
trois toises : car il ne s'agit pas ici
d'une vûë à ménager, comme dans les
Jardins d'ornement, où les trop longues allées deviennent des boyaux, si
on ne leur donne des largeurs convenables à leurs longueurs ; il faut
dans les potagers ménager la terre.

A l'égard des quarrez, il suffit que
chacun ait quinze ou vingt toises sur
tout sens, pour les plus grands ; autrement ils choquent la veuë : les
sentiers qui en partagent les planches, doivent se regler chacun sur un
pied ou quatorze poûces tout au
plus.

Si on trouve que la terre où l'on
veut situer son Jardin ait quelques
défauts, on tâchera de les corriger
par le moyen des fumiers, qui ne
pourront que l'ameliorer ; il faut les
appliquer conformes à la nature du
terrein, c'est-à-dire, s'il est leger &
chaud, le fumier de vache lui sera
tres-propre. Si c'est une terre dont
le fond ne soit pas trop humide, il

faudra se servir de celui de mouton, mais si cette terre est humide & froide, servez-vous de fumier de cheval, les curures de mare & les amassis des boües égoutées sont encore bonnes pour les terres legeres, & mises aux pieds des arbres, elles les ravivent à merveille.

Les feuilles pourries donnent un terreau qui n'est propre qu'à répandre sur les semences nouvellement mises en terre, pour empêcher que les pluïes & les arrosemens ne battent trop la superficie de la terre; ce qui bien souvent y produit une maniere de croûte qui empêche la plûpart des plantes de pousser leur germe à travers, & de prendre un bel accroissement.

Un potager ne peut gueres produire de legumes si on n'y met bien du fumier; les arbres à la verité n'en exigent pas tant; & la meilleure maniere d'amander un Jardin, est toûjours de mettre les fumiers sur la superficie de la terre, afin que les sels qui y sont attachez venant à être dissouts par les pluïes, & la chaleur qui y concourt, se détachent & tombent fur les racines des plantes qui font deffous ; & on ne fçauroit trop blâmer ceux qui faifant des tranchées mettent le fumier au fond, c'eft une tres-mauvaife maxime, & de l'amandement perdu.

Pour faire que ces amandemens ne foient point inutilement emploïez, foit qu'on veüille en engraiffer des quarrez entiers, ou quelques planches feulement, il faut répandre ce fumier fur la fuperficie de la terre, auffi épais qu'on peut en avoir pour y fuffire, & qu'on le juge à propos ; puis donnant à cette terre un profond labour avec la bêche, enterrer ce fumier le mieux qu'on peut. Le tems de faire ce travail eft le mois de Novembre ou Decembre.

Pour les eaux dont les Jardins ont befoin, ont fe fert de celle qui eft le plus à fa difpofition, foit de pluïes ou de cifternes ; il eft bon avant que de l'emploïer, de la tirer dans des tonneaux ou auges de pierres, & la laiffer un peu échauffer au Soleil. Celle des fontaines eft tres-bonne ; fi elle eft trop fraîche, on ufera de la

même précaution que pour l'eau de
puits.

L'eau de riviere ne demande pas
tant de soins, puisqu'on peut s'en
servir à mesure qu'on la puise, ainsi
que celle des ruisseaux ; on se servira
aussi tres-bien des eaux de mares,
elles ne contribuënt pas moins que
les autres à la fecondité de toutes
sortes de plantes. .

Le profit d'un potager consiste à
donner quelque chose à son maître
pendant chaque mois de l'année ; de
maniere qu'il ne soit pas obligé d'aller chercher ailleurs ce qu'il peut
avoir chez lui.

Il faut qu'en Novembre, Decembre, Janvier, Fevrier, Mars &
Avril, outre ce qu'on a conservé
dans ces temps ; sçavoir, les fruits à
pepin, les racines de toutes sortes,
les cardes & les artichaux, les choux-
fleurs & les citrouilles, il faut, dis je,
qu'un potager fournisse d'oseille, de
poirée, choux d'hyver, poireaux,
ciboules, persil, champignons, salades de plusieurs sortes, avec les
fournitures qui y conviennent, &
qui sont le cerfeüil, pimprenelle,

l'alleluya, le baûme, l'eſtragon & la
paſſepierre ; & pour ne point manquer de tout cela en hyver, on ſe ſert
de fumiers chauds.

Pour ce qui eſt du mois de May &
de Juin, on a aſſez d'herbes potageres & de ſalades de toutes ſortes ſans
les ſecours étrangers ; car pour lors
on a le pourpié, les laituës, beaucoup d'artichaux, les pois, les feves,
les concombres, raves, aſperges,
groſeilles vertes & les rouges, des
fraiſes & des franboiſes ſur la fin de
Juin, & toûjours des champignons.

Les mois de Juillet & d'Aouſt nous
donnent de tout ce que l'on vient
de dire en abondance ; on a encore
des haricots, des nouveaux choux po-
mez, des melons, des concombres,
des abricots, des poires, des pêches,
des prunes, & des figues.

On recueille en Septembre des
muſcats & autres raiſins, avec les
ſecondes figues ; on peut encore recueillir les mêmes choſes en Octobre ſi la Saiſon a été tardive ; ſi vous
en exceptez les melons, qui ne ſont
plus de ſaiſon, mais en récompenſe,
c'eſt en ce temps qu'on fait une gran-

de recolte de fruits d'Automne &
d'Hyver ; on commence en ce mois
d'avoir des cardons , du celery , des
épinards & autres chofes.

Du choix qu'on doit fçavoir faire d'un bon Jardinier.

Il eft fort difficile de trouver un Jardinier pourvû de toutes les bonnes
qualitez qui conviennent à fa pro-
feffion : cependant pour ne pas rendre la chofe tout à fait impoffible ,
voici ce qu'on peut fouhaiter en lui.

Il faut faire choix d'un Jardinier
qui ne foit ni trop vieux ni trop jeune , ces deux extremitez font trop
dangereufes ; la trop grande jeuneffe
eft fouvent trop fujette au libertina-
ge , & la vieilleffe à trop d'infirmitez
naturelles : on peut regler cet âge
depuis vingt-cinq ans jufqu'à cin-
quante & cinquante-cinq ans , prenant toûjours garde que fon vifage
marque une bonne fanté : il eft bon
auffi qu'il foit de taille qui dénote
un homme robufte , vigoureux & dif-
pos , le travail du Jardin demandant
de la force & beaucoup de mouvement.

Gardez-vous bien de prendre de
ces Jardiniers dont l'efprit évaporé
leur donne une fotte préfomtion
d'eux-mêmes; & quand on veut prendre un Jardinier, il eft bon d'abord
de s'informer d'où il fort, du temps
qu'il a demeuré à fa condition, &
du fujet pourquoi il l'a quittée. On
peut lui demander où il a appris fon
métier, quelle partie de jardinage
il entend le mieux, s'il eft marié,
s'il a des enfans, & fi fa femme &
fes enfans travaillent au Jardin, &
enfin s'il fçait un peu lire & deffi-
ner.

Il faut s'informer encore s'il eft
fage en fes mœurs, s'il mene une
vie honnête & conforme à fa pro-
feffion; s'il eft fidele, s'il eft propre
& curieux dans les ouvrages qu'il
fait, s'il n'eft point ivrogne, & pour
le prendre, pour ainfi dire, à l'effai,
il eft bon de voir par foi-même de
quel air il fe prend quand il fe met
à l'ouvrage; & pour cela le faire
labourer quelque petit endroit de
terre, & lui donner pour travail un
ouvrage pénible. On connoîtra par
ces petits échantillons s'il a les bon-

nes qualitez du corps qu'on recherche dans un Jardinier, s'il eſt fort, la-
borieux ou effeminé ; méfiez - vous
ſur-tout de ces Jardiniers grands ba-
billards, & prévenus des vieilles ſu-
perſtitions des Anciens en fait d'A-
griculture & de Jardinage.

CHAPITRE II.

Des Eſpaliers, Contre-Eſpaliers, & buiſſons, comment les planter & conduire.

PAr *Eſpaliers*, nous entendons les
arbres dont les murs des Jardins
ſont garnis, & qui dans leur figure
forment celle d'un éventail, ou d'une
main ouverte.

C'eſt ainſi qu'on oblige un arbre
à prendre cette figure platte & é-
tenduë, qui ne lui eſt point du tout
naturelle, mais de laquelle cependant il s'accommode aſſez bien
quand un habile Jardinier en a la
conduite.

Il eſt conſtant que le plus grand
ornement des Jardins fruitiers & po-

tagers confiste dans les Espaliers ; qui lorsqu'ils sont conduits avec art, flattent trés-agreablement la vûë ; les fruits à noyau sur-tout y prennent un relief trés-excellent, & un coloris ardmirable.

On supose un Jardin tout entouré de murailles, dont la terre a été bien foüillée, & qui n'attend plus que l'industrie du Jardinier pour recevoir tout ce qu'il voudra lui commettre de plans.

Quand une foüille a été une fois faite, elle épargne bien des peines à ceux qui ont envie de planter des arbres, en ce qu'ils ne sont pas obligez de faire de tranchées, une terre étant assez bien préparée lorsqu'elle a été remuée comme on l'a dit.

Si les plattes-bandes le long des murs n'avoient pas été foüillées, au lieu de tranchées, comme on faisoit autrefois, une bonne foüille leur vaudra mieux, l'experience nous en a convaincu jusqu'ici ; & quand on y voudra planter les arbres, supposé qu'on trouve que la terre n'ait pas assez de sels pour suffire à les bien nourrir, on y répandra du fumier,

comme nous l'avons dit , qu'on mêlera bien avec la terre, dont on re-
couvrira les racines de ces arbres
quand ils feront plantez.

Cela obfervé, on marque les pla-
ces où l'on veut planter les arbres,
neuf ou douze pieds de diftance l'un
de l'autre fuffifent pour les arbres
nains , contre un mur, & une demi
tige au milieu, afin que ce mur foit
plûtôt couvert entierement : il ne
faut pas craindre que dans cette efpace les racines fe nuifent l'une l'autre. C'eft une erreur à la verité dont
nos anciens étoient imbus, & de laquelle les épreuves qu'on en a fi
heureufement faites jufqu'ici , nous
ont defabufez.

Aïant marqué la place de vos
arbres felon la mefure dont on vient
de parler, vous y ferez creufer des
trous larges comme une fois la forme
d'un chapeau, puis vous vous difpo-
ferez à y planter des arbres.

Pour y réüffir , il en faut bien préparer les racines, c'eft-à-dire , les re-
tailler par le bout, & en éplucher le
chevelu , couper la tige de l'arbre à
fept ou huit poûces au deffus de la
                                    gréfe,

gréfe, coucher les arbres du côté du mur, environ un demi pied, & faire enforte que la tête n'en foit éloignée que de trois poûces au plus, & que la coupe foit tournée du même côté.

Quand on plante un arbre, il en faut bien étendre les racines, puis remplir le trou, & foulever un peu l'arbre en le fecoüant, afin que la terre meuble, coule & remplifle tous les vuides qui font entre les racines; enfuite on drefle la terre, on la pie-tine un peu au tour de l'arbre pour l'affermir dans fon affiete, & empê-cher qu'elle ne fe trouve creufe en quelque endroit, ce qui cauferoit la moifillure aux racines, & en retarde-roit l'effet qu'on en attend.

Aprés que les arbres font plantez, il eft bon de faire mettre du fumier au pied de chacun par deffus la terre, & en former un quarré au tour de chaque tige : ce fumier conferve la fraîcheur des racines contre les gran-des chaleurs de l'Eté, & lorfque les pluies furviennent, elles tombent fur ce fumier, & en diffoûdent les fels, les entraînent avec elles fur les ra-cines des arbres, & les font végéter avec beaucoup de vigueur.

Pour ce qui regarde le temps de planter les arbres, c'eſt ordinairement vers la fin d'Octobre, & pendant les mois de Novembre & Decembre dans les terres legeres & un peu pierreuſes, ainſi que dans celles qui ſont d'un temperament moderé; c'eſt à-dire, qui ne ſont ni froides ni humides; car ſi elles l'étoient, il faudroit attendre les mois de Mars ou d'avril.

Quant aux moyens de bien conduire un eſpalier, il eſt beſoin de la part du Jardinier d'une grande experience, de beaucoup d'attention à la maniere d'agir des arbres, & d'un bon treillage.

Differentes ſortes de treillages.

Il y en a qui d'abord fichent des échalas à demi pied prés du mur, pour commencer à conduire les premiers jets arbres, à meſure qu'ils pouſſent, & s'il eſt beſoin d'y ajoûter des traverſes, ils y en mettent où il eſt néceſſaire, liant ces jeunes productions avec de petits oziers, ou joncs,

fans les ferrer que bien peu, mais
feulement pour les conduire.

Le meilleur expedient pour la propreté d'un Jardin , eft de faire un
treillage de neuf poûces chaque mail-
le , lequel fera foûtenu contre le
mur par des os de pieds de mouton
fçellez dans le mur ; ce treillage eft
plus de durée que le précédent ; que
fouvent les arbres entraînent avec
eux à mefure qu'ils croiffent , les
pieux qui les foûtiennent n'étant fichez que dans la terre , & étant fujets par-là, à fe pourrir en peu de
temps.

Si pour faire ce treillage vous prenez du bois de quartier un peu plus
gros qu'un échalas ordinaire , & le
faites lier avec du fil d'arechal recuit,
pour le rendre plus fouple à manier ,
l'ouvrage en fera beaucoup plus beau
& durera plus fix fois que le bois
rond , quand même l'écorce feroit
ôtée ; ce qu'on doit toûjours faire ,
dautant qu'elle fert de retraite à plufieurs petits infectes nuifibles aux arbres.

Les plus curieux font planer ces
échalas , & les font peindre en huile ,

avec du vert de Montagne , un peu
de vert de gris & de blanc de plomb
pour le faire mieux fécher. Cette
dépenfe empêche que la pourriture
ne s'y mette ; pour ces échalas, ils
doivent avoir neuf pieds pour les plus
hauts.

D'autres pouffent encore leur dépenfe bien plus loin , quand ils veulent faire dreffer un treillage , &
pour cela ils font fceller dans le mur
des bouts de bois de la groffeur d'un
fort chevron , & quarré à huit pans
égaux , leur donnant feulement quatre poûces de faillie.

Sur chaque pan , il y a un trou fait
avec la tariere d'un poûce & demi de
profondeur , à deux poûces prés du
bout. On place des morceaux de bois
à égale diftance tant en hauteur qu'en
largeur.

Au milieu de chaque quarré , on
fcelle encore un autre bout de bois ,
faifant la figure d'un carreau. Enfuite on prend des échalas de bois de
quartier , longs de la diftance que les
bouts de chevron font fcellez & ai-
guifez par les deux extrémitez , pour
pouvoir entrer dans les trous qui

font aux bouts des chevrons , & pour
les y placer , on les plie un peu en
forme d'arc , pofant les deux bouts
dans les trous qui font vis-à-vis les
uns des autres , & laiffant aîler l'arc
ils fe redreffent & tiennent d'eux-mêmes fans aucune autre ligature.

Voici encore une autre invention
pour paliffer les arbres , qui eft de
prendre de petites lanieres de cuir ,
ou des lifieres de drap, avec lefquelles
ont attache les branches des arbres ,
liant ces lifieres à des clouds qui font
dans le mur ; on s'eft défait depuis
quelques années de ces manieres de
palisfer les arbres , la trouvant en
quelque façon incommode.

Les treillages foûtenus par des crochets de fer fcellez dans le mur font
les plus propres , & ceux qui font les
moins fujets à être racommodez.

Il faut obferver de ne planter aucun arbre dans les encoigneures des
murs , parce qu'on ne peut que difficilement leur donner une belle figure
en cet endroit.

Des contr'efpaliers.

Un *contr'efpalier* eft une efpece de

haye qui borne les allées du Jard'n, & qui leur donne la forme ; on les appelle encore *haye d'appuy* : ces arbres veulent être plantez avec les mêmes précautions que les espaliers ; excepté qu'on tient leur tige un peu plus droite.

Il y a de ces contr'espaliers qu'on fait double, & qui ressemblent à des buissons en long, au lieu qu'ils sont ronds pour l'ordinaire ; c'est la maniere la plus belle qu'on ait pû inventer pour cela, & celle qui rapporte plus de fruits.

Les contr'espaliers qui ne sont que simples, sont conduits pour l'ordinaire le long d'une haye d'échalas, qu'on fait à mailles de neuf poûces en quarré ; ce bois est placé derriere l'arbre, c'est-à-dire, du côté des murs & non des allées : Le bon sens le veut ainsi, & les regles du jardinage.

Ce n'est pas qu'aujourd'huy les contr'espaliers de Poiriers soient gueres en usage ; on n'en fait plus que de raisin, soit de muscat & chasselas, ou verjus.

Des Buiſſons.

Nous apellous *Buiſſons* en termes de Jardiniers, certains arbres nains auſquels on donne en effet la figure d'un buiſſon rond. On les plante pour l'ordinaire en plattes-bandes autour des quarrez d'un potager.

La mode à préſent en bien des endroits, où l'on cherche plus de fruits que de légumes ou d'herbages, eſt de faire des plans entiers de buiſſons dans des quarrez. Il faut les planter en quinconce à douze pieds l'un de l'autre, & un pomier grefé ſur paradis au milieu. Cette longueur de douze pieds ne doit pas neanmoins ſe déterminer tout-à-fait, cela va quelquefois à un peu plus ou un peu moins, ſelon que la longueur des quarrez le peut permettre pour la plus juſte meſure.

Pour planter avec ſuccés les arbres en buiſſon, il faut obſerver ce que nous avons dit à l'égard des eſpaliers ; outre cela on poſe un cordeau au milieu de la platte bande, afin que les arbres y ſoient mis ſur un aligne-

ment qui foit droit ; il faut bien fe donner de garde de labourer de jeunes arbres la même année qu'ils font plantez, cela les altere, & les met en danger
de perir ; c'eft une experience qui ne fe
manifefte que trop tous les jours.
Voilà ce qu'on peut dire fur la maniere de planter les arbres nains tant
en efpaliers , contr'efpaliers, que buiffons ; refte aprés cela à leur donner les foins qui leur conviennent , &
dont on parlera dans la fuite.

Mais pour revenir à la maniere de
planter les arbres , & en établir une
idée complette , il en faut donc ,
comme on a déja dit , ôter tout le
chevelu , ne conferver qu'un peu de
groffes racines , & avoir égard aux
jeunes ; on leur laiffe huit ou neuf
poûces de longueur quand c'eft pour
les arbres nains ; au lieu que pour les
arbres de tige il faut que les racines
foient longues d'un pied ; fi elles font
foibles on les laiffe de la longueur de
deux jufqu'à quatre poûces ; & cela
felon qu'elles feront plus ou moins
groffes.

Pour bien planter il faut choifir un
tems fec , afin que la terre étant
meuble,

meuble , elle se glisse aisément autour des racines sans y laisser aucun vuide ; au lieu que lors-qu'on plante par un temps de pluye, la terre se met en mortier , & forme quelquefois sur les racines une croûte qui empêche les racines de vegeter.

L'extrémité la plus basse des ra-cines ne doit pas être en terre plus avant d'un pied , & celles qui sont le plus prés de la superficie, de huit ou neuf poûces seulement. Il est bon même de faire comme une espe-ce de butte sur ces racines dans les terres legeres & pierreuses, pour empêcher que la chaleur du Soleil ne les altere , puis aprés on les abat ; d'autres y mettent un petit lit de fu-mier sec de deux pieds en quarré, & haut de quatre à cinq poûces : il faut continuer ce soin pendant deux ou trois ans que les racines se sont fortifiées, & mises à l'épreuve des rayons du Soleil.

Il faut avant que de planter un arbre, en couper la tige de la lon-gueur qu'elle doit demeurer, & non pas attendre qu'il soit planté : on regle cette hauteur à cinq & six poû-

ces pour les arbres nains dans les
terres legeres , & de huit à neuf dans
celles qui font humides ; & pour les
arbres à plein vent , on leur donne
six à fept pieds de tige.

Quelques Auteurs fur le Jardinage n'approuvent pas qu'on tre-
pigne les arbres nains immediatement aprés qu'ils font plantez ; ils
prétendent que cela leur fait tort :
ils n'ordonnent ce trepignement que
pour les arbres de tige ; cependant
on a toûjours obfervé cette maxime
également à l'égard des uns & des
autres , on s'en eft bien trouvé, on
confeille de la fuivre.

La diftance que doivent avoir les
arbres entre-eux , doit fe regler pour
les arbres en efpalier de cinq à fix
pieds ; fçavoir, quand il y a une demi tige au milieu, & de neuf à dix
pieds quand il n'y a que des nains ;
cette diftance peut aller même jufqu'à douze quand on les plante dans
une bonne terre : lorfqu'on fe fert de
demi tiges , il faut que les murs
ayent du moins huit pieds fous le
larmier.

Quant aux Buiffons , on leur don-

ne neuf à dix pieds de distance, ou
douze même ; mais en ce cas on met
au milieu un pomier grefé sur paradis.

S'il arrive qu'on plante dans des
terres nouvellement foüillées, il faut
tenir les terres des plattes-bandes où
l'on plante, plus haute que la superficie ordinaire, crainte que ces
terres entraînant les arbres avec elles, ne les fassent descendre trop bas.

Il y en a qui se font un scrupule
que la greffe de l'arbre soit en terre,
mais on peut s'en défaire sans danger à l'égard des fruits à pepin : mais
pour les fruits à noyau, il sera mieux
que cette greffe ne soit pas couverte
de terre.

Pour ce qui regarde les expositions
qui conviennent le mieux à chaque
espece de fruits, on en va dire quelque chose dans le Chapitre suivant.

CHAPITRE III.

Des expositions en fait de Jardi-
nage, & de celles qui convien-
nent mieux à certaines especes
de fruits qu'à d'autres.

IL y a quatre expositions en fait de
Jardinage ; c'est-à dire , quatre
endroits differens où frape le Soleil
quand il fait son tour dans la journée;
sçavoir, l'exposition du Levant, le
Couchant , le Midy & le Nord.

Quoi qu'on puisse dire qu'en quelque situation que soit un Jardin, il a
necessairement tous les aspects du
Soleil , tant bons que mauvais, cependant il est certain qu'il y en a de
mieux exposez les uns que les autres,
ce qui se remarque particulierement
à l'égard de ceux qui sont situez sur
des côteaux , dont les uns sont
au Levant , d'autres au Midy ,
d'autres au Couchant , & d'autres au
Nord; ces expositions sont plus sensibles que dans les Jardins qui sont en
plaine.

Mais fans nous arrêter davantage à
ce qui regarde ces expofitions par
rapport à ce qui doit les donner à
connoître en fait de Jardinage, nous
allons dire quels avantages elles renferment chacune en particulier.

On fçaura d'abord que l'expofition du Midy & celle du Levant font
les plus favorables. La premiere
contribuë beaucoup à conferver les
plantes des rigueurs de l'Hyver, &
à donner du goût aux fruits, aux
légumes & aux herbages qui y croiffent, & à avancer dans chaque faifon tout ce qui doit venir de bonne
heure. On fait fur tout beaucoup de
cas de cette expofition dans les terres
fortes & humides, qui n'agiffent
qu'imparfaitement, fi le Soleil par
fa chaleur ne met la fubftance en
mouvement.

Il n'en eft pas de même à l'égard
des terres legeres, & principalement
dans les climats qui font chauds;
cette expofition eft fujette à y alte-
rer tellement les plantes, que fans
quelques précautions qu'on y prend,
elles y periffent en peu de tems, &
y engendrent des pucerons qui per-

C iiij

cent ou recroquevillent les feüilles, & empêchent que les fruits ne deviennent si gros qu'ils devroient être naturellement, les dessechent & les font tomber même quelquefois avant leur maturité.

L'exposition du Levant est avantageuse dans les terres legeres ; celle du Couchant n'est pas si bonne, à beaucoup prés ; & l'exposition du Nord est la pire de toutes, en quelque terroir que soient les Jardins, si vous en exceptez neanmoins les climats qui sont extrêmement chauds, & où le Nord réüssit pour bien des fruits.

Si l'exposition du Midy a des avantages pour la maturité & la perfection de bien des fruits, elle est sujette aussi à de grands vents depuis la mi-Aoust jusqu'à la mi-Octobre ; de maniere qu'il en tombe beaucoup de fruits avant que d'avoir acquis leur grosseur, ce qui arrive sur tout aux arbres de tige.

Le Levant a aussi ses défauts parmi ce qu'il a de bon ; il est sujet au Printemps à un vent de bize sec & froid, qui broüit les feüilles & les

jets nouveaux que pouſſent les arbres,
ſur tout à l'égard des Pêchers. Pour
l'expoſition du Couchant elle a des
ſuites fâcheuſes ; le vent de Galerne
l'incommode beaucoup ; ce vent qui
eſt ſi préjudiciable aux arbres fleuris,
qu'il les détruit tous.

A l'égard de l'expoſition du Nord
en fait d'eſpaliers, ſi elle eſt favorable
ble en quelque façon pour les fruits
d'Eté, & pour quelques-uns de l'Automne, elle ne vaut gueres pour les
fruits d'Hyver : il eſt vrai qu'il y a
des herbages qui y croiſſent trés bien
& que les fraiſes, les framboiſes, les
groſeilles qu'on veut manger tard y
réüſſiſſent parfaitement.

Enfin on voit par ce qu'on vient de
dire de ces expoſitions, que chacune
a ſon avantage particulier, & ſes défauts auſſi ; il eſt de la prudence de
ceux qui conduiſent des Jardins, de
profiter des premiers, & de tâcher de
ſe garantir des autres, autant que
leur induſtrie pourra leur ſuggerer.

CHAPITRE IV.

Des arbres, & du choix qu'on en doit faire.

CE n'eft, pour ainfi parler, rien faire, ou trés-peu de chofe, que d'avoir bien préparé la terre, fi les arbres qu'on y met ne font beaux & bien choifis : pour les efpeces, il faut autant qu'on le peut, s'adreffer à des gens fideles quand on veut en acheter, & leur faire mettre le nom du fruit fur chaque paquet.

Si vous êtes curieux d'en remarquer les efpeces, vous y réüffirez en y pendant de petites ardoifes où le nom de l'efpece fera écrit, ou bien y gravant feulement des chiffres, qui feront raportez dans un regiftre qu'on aura chez foy, & vis à vis duquel le nom du fruit fera auffi écrit ; cela fe doit faire avec ordre, & de maniere qu'on puiffe d'un coup d'œil le connoître fans peine.

Les poiriers qu'on doit planter,

doivent toûjours être choisis des meilleures especes , & il faut toûjours prendre plus de poiriers d'Automne que d'Eté, & plus d'Hyver que ceux d'Automne.

Il en est de même à l'égard des *Pomiers* pour l'espece : les *Pêchers* demandent les mêmes attentions ; pour les abricotiers, comme il y en a de deux especes : on ne sçauroit gueres y être trompé. A l'égard des *Pruniers* , il y a encore du choix à faire pour avoir les bonnes especes ; mais comme la liste qu'on en donnera ne contiendra que des meilleures , on pourra les prendre sans craindre d'en recevoir aucun déplaisir.

Mais pour revenir au choix qu'on doit sçavoir faire des arbres, ceux qui sont greffez sur coignassier sont les meilleurs pour les arbres nains , dautant qu'ils s'assujettissent mieux à cette forme que les arbres antez sur franc ; il en faut neanmoins greffer des uns & des autres pour contenter les fantasques , & s'en servir au cas qu'on veüille planter dans un terroir où le coignassier ne réüssiroit pas.

Les arbres greffez fur coignaffier raportent bien plûtôt & de bien plus beaux fruits que ceux qui font fur franc, qui les donnent bien plus petits, & bien moins colorez; qu'on prenne garde fur-tout de mettre de ceux ci dans des terres fortes, ce feroit le moyen de n'avoir que de long-temps du fruit, & toûjours beaucoup de bois.

Le bon âge dans lequel on doit planter les jeunes arbres, eft lorf-qu'ils ont trois ou quatre ans; s'ils étoient plus jeunes, ils feroient plus long-temps à garnir leur efpalier, ou à fe former en buiffon, & étant plus vieux, fouvent ils ne jettent que de chetives productions, qui trompent notre efperance.

L'opinion de beaucoup de gens eft, qu'il n'eft tel que de planter de gros arbres au fortir de la pepiniere, d'autres contraires en fentiment, foû-tiennent qu'un arbre bien choifi, de belle venuë, & de l'âge qu'on a mar-qué, pouffera de plus beau bois qu'-un qui fera plus vieux, & qui ne jet-tera que du petit bois, quoiqu'en quantité.

Il faut rejetter les arbres mouffus, ils ne peuvent rien promettre de bon fortant d'un mauvais fond, ainfi que ceux qui ont des nœuds, & qui paroiffent rabougris. Les arbres doivent être de belle venuë, d'une tige bien unie, groffe comme le pouce, ou un pouce & demi, & d'un bois clair; prendre garde que la greffe ait bien recouvert le fujet fur lequel elle eft pofée, & qu'ils foient garnis de branches dans le bas, afin que l'efpalier s'en forme mieux.

Cet arbre doit avoir les racines bien faines & bien belles; il faut que leur groffeur foit proportionnée à la tige : les arbres qui n'ont prefque que du chevelu font à rejetter.

En fait de pêchers & d'abricotiers, ceux qui font greffez d'un an font à preferer à ceux qui ont deux ans & davantage; & même on doit faire cette attention plûtôt à l'égard des pêchers que des abricotiers, & ne prendre jamais un pêcher qu'il n'ait les yeux beaux dans le bas de la tige.

Les pêchers fur amandier réüffif-

fent mieux dans les terres feches &
legeres , que dans celles qui font
fortes & humides ; au lieu que ceux
qui font greffez fur prunier , fe plaifent mieux dans les dernieres.

Il fuffit que les pomiers greffez fur
paradis ayent un demi poûce de groffeur ; pour les arbres de tige , quand
ils auroient quatre à cinq poûces ,
ils n'en vaudroient que mieux ; pour
leur tige elle doit avoir pour bien
faire fix à fept pieds de haut.

On choifit toûjours de beaux jours
pour arracher les arbres , dont le
tranfport fe doit faire autant qu'il fe
peut fans les endommager.

CHAPITRE V.

De la taille des Arbres, la maniere de les palisser, & d'autres soins qu'ils exigent pour devenir forts, & donner de beaux fruits.

QUant à la taille des arbres, le vray temps est le mois de Novembre & Decembre pour les arbres foibles, & celui du mois de Mars pour ceux qui font vigoureux; les pêchers ne doivent se tailler qu'à la fin de Mars, & au commencement d'Avril,

On taille les arbres pour deux raisons : la premiere, pour les disposer à donner de plus beaux fruits; & la seconde, pour les rendre plus agréables à la vûë; ce qui se fait en leur ôtant entierement tout ce qu'ils ont de branches inutiles, ou qui peuvent nuire, soit à l'abondance & à la bonté de leurs fruits, & à leur beauté; conservant toutes celles qui peu-

vent fervir pour cela, racourcif-
fant avec prudence celles qui font
trop longues, & laiffant entieres celles qui font d'une longueur raifonnable & affez fortes pour porter du
fruit. Tous ces foins contribuent à la
durée d'un arbre, & cela lui fait acquerir une belle figure.

Par branches inutiles, on entend
celles de faux bois, celles qui font
ufées à force d'avoir donné du fruit,
ou celles qui font trop menuës, &
qui ne font point difpofées à donner
du bois & du fruit.

Les branches nuifibles font celles
qui naiffent confufes fur un arbre ;
elles offufquent le fruit, & confomment inutilement la feve ; & pour les
bonnes branches on entend celles en
qui la nature a mis toutes les difpofi-
tions neceffaires pour donner une
belle figure à un arbre, & produire
beaucoup de fruit.

Autrefois bien plus qu'aujour-
d'hui, on s'étoit formé un fi grand
fcrupule fur la taille, qu'on n'ofoit
tailler un arbre que dans le décours
des lunes de Fevrier & de Mars ;
autrement on auroit crû tout perdre.

Il y a encore bien des Jardiniers entachez de cette fauſſe maxime, qui ſeroient bien fâchez de s'en défaire ; mais on peut dire auſſi que ce ne ſont pas des plus habiles, & qu'un tel entêtement ne peut partir que des eſprits groſſiers & ignorans.

La beauté d'un Buiſſon conſiſte à être bas de tige & ouvert dans le milieu, & d'avoir la tête ronde dans ſa circonference, & également garni de bonnes branches ſur les côtez.

Et pour faire qn'un arbre en eſpalier ait la beauté qui lui convient, il faut qu'il ſoit également garni de branches des deux côtez, & qu'il n'y ait aucun vuide : le vuide eſt le grand défaut des eſpaliers.

C'eſt un défaut quand il y a des branches qui croiſent, c'eſt ce qu'on doit éviter en les paliſſant autant qu'il eſt poſſible ; il ne faut croiſer que dans la derniere neceſſité, lorſqu'il s'agit de remplir un vuide.

Il eſt bon de ſçavoir que ſur un arbre il y a pluſieurs ſortes de branches ; ſçavoir, celles qui ſortent immédiatement de la tige, & qu'on appelle, *meres branches*, parce que ce font elles qui produifent les autres. Il y a les *branches à fruit*, qu'on connoît, parce qu'elles ont les yeux gros & prés l'un de l'autre : les *branches à bois*, qui les ont plus éloignez, & qu'on appelle ainfi, parce qu'elles donnent d'autres bois ; c'eft fur ces branches qu'on établit une partie de la taille : les *branches gourmandes*, parce qu'elles confomment toute la feve : & les *branches chifonnes*, parce qu'elles ne font d'aucun ufage, & qu'elles ne peuvent que caufer de la confufion.

Taille des fruits à pepin.

On commence à tailler un arbre par le dépaliffer, fi c'eft en efpalier, & d'ôter ainfi qu'aux autres nains, tout le jet du bois d'Août, en quelque partie de l'arbre qu'il foit, fi ce n'eft à une place vuide, & que vous foyez fans efperance que la branche voifine la rempliffe, à moins que de la ravaler, pour l'obliger à pouffer du nouveau bois qui opere cet effet.

Il faut retrancher entierement les nouvelles branches qui fortent de def-

fus

fus les vieilles , & qui jettent avec
trop de furie ; on les appellent *Bran-*
ches gourmandes, dautant qu'elles ab-
forbent toute la feve qui doit nourrir
les bonnes branches.

Si neanmoins elles croiffoient dans
un endroit où elles paroiffent neceffaires pour remplir un vuide , on les y
laifferoit & on les tailleroit à dix ou
douze poûces.

Toutes branches qui viennent tant
fur le devant d'un arbre que fur le
derriere , doivent être ôtées , à caufe
qu'elles rendent l'arbre difforme : Le
meilleur eft de les ébourgeonner en
Avril & en May , quand elles commencent à pouffer.

Tout bourgeon à fruit fera laiffé ;
s'il fe rencontroit pourtant au bout
de quelque branche qu'on voulût qui
donnât du bois , il ne faudroit point
l'épargner , tailler la branche courte,
& éborgner les autres boutons à fruits
qui fe trouveroient.

Les branches de qui on attend du
bois , & qu'on nomme *branche à*
bois , feront taillées felon leur force,
c'eft-à-dire , au trois ou quatriéme
œil , fi elles font vigoureufes , &

D

au deuxiéme , fi elles font foibles.

Les *branches de faux bois* doivent
auffi être retranchées , parce qu'elles
ne font propres à rien ; il y a encore
d'autres petites branches chetives ,
qu'on ne doit point épargner , dautant qu'elles ne font qu'apporter de
la confufion fur un arbre , & l'endommager ; on les appelle *branches
chifonnes.*

Comme dans un arbre en efpalier,
contr'efpalier ou buiffon on doit toûjours avoir égard à la figure , on retranchera toutes les branches qui
naîtront mal placées.

Quand on taille un arbre , il faut
faire attention à fon plus ou moins
de vigueur & s'y conformer , c'eft-à-
dire, le tailler court s'il eft foible , au
lieu que s'il a de la force , on taillera long : dans le premier cas , c'eft
à deux ou trois yeux , & dans le dernier à dix ou douze poûces.

Plus on ôte de bois à un arbre vigoureux , plus il en rejette ; c'eft une
maxime conftante , & qui doit obliger un Jardinier à fçavoir fe ménager
là-deffus.

Il y en a qui aïant des arbres grefez

fur franc, qui s'emportent avec furie, & ne poussent que du bois, les
laissent passer leur fougue, ne leur
touchant presque point ; ils prétendent qu'aprés ils fructifient beaucoup : on s'en rapporte à eux ; mais
il vaut mieux alors recourir aux racines d'où leur vient leur trop de
nourriture, & en retrancher quelques-unes des plus grosses.

Faites le moins de playes que vous
pourrez à un arbre, & ravalez plûtôt
une branche difforme que de la tailler en plusieurs endroits ; le nouveau
bois qu'elle poussera donnera plus
d'esperance d'en avoir du fruit dans
la suite, & rendra l'arbre plus beau.

Toute taille qu'on fait sur une branche, doit toûjours être en talus ou en
pied de biche derriere un bourgeon à
bois, au dessus duquel on laisse un
chicot de l'épaisseur d'un écu.

Pour donner la belle figure à un
arbre & éviter les vuides, on observera de laisser toûjours derriere un
œil qui regarde un vuide. Voilà quelques maximes generales, en voici à
présent quelques-unes qui sont particulieres.

La premiere taille qu'on doit faire
sur un arbre qui n'a donné que de
foibles branches , il faut voir d'a-
bord si on peut en faire quelque
chose ; c'est-à-dire , si on juge que les
taillant , elles puissent produire quelques autres branches, soit à bois, soit
à fruit , on les taillera au deuxiéme
œil si elles sont bien placées , sinon ,
on les retranchera tout-à fait , afin
que les arbres en repoussent de plus
belles du pied l'année suivante.

Si cet arbre a donné une seule
belle branche , il faut aussi l'emporter entierement, pour la même raison que dessus ; mais s'il en produit
deux bonnes , & qu'elles soient bien
placées , on les taille au troisiéme
œil ; & si elles naissent un peu au dessous de l'extrémité de la tige , on
ravallera cette tige jusque sur ces
deux bonnes branches ; & s'il s'y
trouve des branches menuës & chifonnes , on les retranche tout-à-fait.

Il faut en taillant ôter les branches un peu fortes qui sortent d'une
maniere de calus , sur lequel ont été
les queuës des poires.

La taille des branches foibles &

longues fe fait auffi bien en leur rompant l'extrémité, qu'en les coupant avec la ferpette; on prétend même que la premiere methode eft la meilleure.

Il ne faut jamais fouffrir d'argots fecs & morts fur un arbre qu'on taille, il n'y a rien de fi d. fgreable à la vûë; il faut les couper jufqu'au vif.

Lorfqu'on taille un vieil arbre, & qui eft haut monté, & dont le bas pouffe plus vigoureufement que le haut, il faut le ravaler jufques fur les bonnes branches, & par l ur fecours lui faire prendre une nouvelle figure felon les regles du Jardinage; mais fi le haut paroît bon & vigoureux, en forte qu'on juge qu'il puiffe durer encore long-temps en état d'aporter du fruit, on ôte les branches qui font deffous & qui ne méritent pas qu'on les conferve.

On ne doit jamais tailler un arbre, qu'auparavant on ait examiné l'effet de la taille précédente, afin d'en corriger les défauts, s'il y en a, & d'y conferver ce qu'il y a de beau.

S'il arrive que d'un feul œil il

forte deux ou trois branches affez
belles, on doit examiner quelles font
celles qui méritent mieux être con-
fervées, foit pour le bois, foit pour
le fruit, & ôter les autres ; on n'en
garde gueres plus de deux, encore
faut-il qu'elles regardent les deux
côtez qui font vuides ; mais cette
operation ne fe fait gueres que dans
l'ébourgeonnement.

La grande quantité de branches
qui croiffent fur un arbre planté d'un
an ou de deux, n'eft pas une bonne
marque, car elles font pour l'ordinaire toutes foibles ; c'eft pourquoi
on eft obligé de les retrancher toutes pour remettre l'arbre au premier
état, afin qu'il jette d'autres branches qui foient plus fortes.

Si c'eft un *buiffon*, il faut avoir égard
à fa rondeur, & la lui faire acquerir en mettant un cerceau autour,
attaché avec de l'ofier à deux ou trois
échalas, pour y lier les branches,
& obferver de laiffer l œil le plus
haut de chaque branche à bois en dehors de l'arbre.

Prenez bien garde de ne point
laiffer d'argots fur un arbre, il n'y

à rien qui le rende plus défectueux.

Taille des fruits à noyau.

On commence d'abord à les tailler comme les poiriers, c'est-à-dire, on les dépalisse, & on en ôte tout le bois mort.

Les *branches à bois* se taillent au quatre ou cinquiéme œil, selon que l'arbre a de force : on connoît aisément ces branches, n'étant chargées d'aucuns boutons : les *branches à fruit* ont les leurs doubles.

Taillez court ces branches-cy, si vous voïez que vôtre pêcher se dégarnisse du côté des branches à bois.

Les *gourmandes* feront laissées au cas qu'elles ne soient point accompagnées de branches à bois, & taillées à dix ou douze poûces.

Quand un pêcher est usé, c'est à-dire, qu'il ne pousse plus de branches à bois, & qu'on ne peut esperer qu'il en produise, il faut l'arracher, si c'est dans une terre legere ; ou le couper par le pied, si c'est dans une terre forte, & qu'on voïe qu'il ait poussé des branches gourmandes, sur lefquelles on puiffe établir une taille pour le renouveller.

Il faut tailler long les branches à bois fur lefquelles neanmoins on voit quantité de boutons à fleurs en vûe d'avoir du fruit, fauf à les racourcir aprés, fi ces fleurs ont coulé, & les tailler au troifiéme ou quatriéme œil felon leur force, afin qu'elles pouffent des branches à fruit pour l'année fuivante.

La belle figure d'un pêcher eft difficile à conferver; fi on n'y prend garde, il fe dégarnit aifément par le bas; c'eft pourquoi lorfqu'on le taille, il faut à cette partie le tenir toûjours court autant que la force des branches le peut permettre.

Il eft bon de fçavoir en fait de pêchers, qu'on a beau racoutcir une branche un peu vieille, il n'en faut gueres attendre de nouvelles, ni à fon extrémité, ni dans toute fon étenduë; la feve d'un tel arbre perce rarement une écorce fi dure, ainfi on ne doit point s'y attendre pour remplir de vuide; c'eft pourquoi il y faut prévoir en les taillant.

Pour

Pour faire fur la fin de l'Hyver la premiere taille aux pêchers bien vigoureux, il faut attendre qu'ils foient prêts à fleurir, afin de connoître plus fûrement les boutons qui fleuriront ; car il y en a beaucoup qui, quoiqu'ils foient des boutons à fleurs, qui manquent, foit par le froid qui les a trop rudement frapez, foit par la trop grande abondance de feve qui les fait crever, ou par la gomme qui les détruit.

Taille des Abricotiers.

Il faut agir à l'égard des *Abricotiers*, comme pour les pêchers. Celui-cy quand on le ravale, ne tarde gueres à former une belle tête.

De la taille des Pruniers.

Les *Pruniers* fe taillent prefque de même ; il eft vrai qu'il faut ufer d'un peu plus de précaution à l'égard des branches à bois, qu'il faut toûjours tailler long, ou quelquefois les laiffer entieres, autrement on n'auroit que du bois & point de fruit.

E

La taille des pêchers est ordinairement vers la fin de Mars ; on les taille encore depuis la mi May , jusqu'à la mi Juin ; mais ce ne sont alors que les branches à fruit qu'on racourcit pour les fortifier , & donner de plus beaux fruits.

On les décharge aussi du trop de fruit , & on retaille les branches gommées au dessous de la gomme.

Autre travail pour les Arbres fruitiers.

On pince les nouvelles branches de pêchers & de poiriers au trois ou quatrième œil , quand on voit qu'elles veulent s'emporter avec trop de vigueur ; c'est au mois de May & Juin que cela se pratique

Qui dit pincer en fait de Jardinage , dit rompre avec les doigts un jet encore tendre ; on ne doit gueres pratiquer ce pincement que sur les branches d'enhaut d'un pêcher ou d'un poirier, à moins que dans le bas on ne voye qu'il se dégarnisse.

On ne pince point ordinairement les branches qui sont foibles ; car n'ayant que ce qu'il faut de seve pour les nourrir, il arriveroit que celles qui en naîroient seroient toutes chifonnes, & par conséquent incapables de rien produire de bon.

Le veritable temps de pincer les arbres, & sur tout aux environs de Paris, est a la fin de May & au commencement de Juin ; & si on se trouve dans la necessité de pincer une seconde fois, on le peut faire vers la saint Jean.

De l'ebourgeonnement.

Il est necessaire d'ébourgeonner les arbres tant à pepin qu'à noyau, c'est à dire, d'ôter toutes les branches qui naissent en confusion dessus: c'est aux mêmes mois que dessus que se fait ce travail.

Le temps de l'ebourgeonnement est ordinairement dans les mois de May & de Juin, quelquefois aussi en Juillet & Août. Ce travail est trés-necessaire aux arbres fru tiers, dautant qu'on ôte des branches qui consommeroient inutilement la seve, & ôteroient aux bonnes par cette négligence le moyen de fe bien nourrir.

On ne peut marquer pofitivement quelles font les branches qu'il faut ébourgeonner ; on peut feulement avertir que ce font toûjours celles qui naiffent mal placées, & qui peuvent y caufer de la confufion; un peu de pratique parmi les arbres donne aifément à juger de ce qu'il faut faire là-deffus.

Des moyens d'avoir de beaux fruits.

Pour avoir de beaux fruits d'Automne & d'Hyver, il faut décharger vos arbres de ce que vous jugez qu'ils en peuvent avoir de trop, coupant avec des cifeaux les plus chetifs par le milieu de la queüe, au lieu de les abatre.

Pour bien faire cette operation, il faut attendre que les fruits foient affez gros & formez, afin de mieux démêler les plus beaux d'avec les plus chetifs ; ce qui arrive d'ordinaire à la fin de May ou au commencement de Juin : il n'y a que les abricots qu'il faut commencer à

éplucher les premiers ; il n'y a rien
de perdu à leur égard, parce qu'on
se sert de ces petits abricots verds
pour confire.

On remarquera de laisser à chaque fruit autant de place à peu prés
qu'il en peut contenir quand il est
en maturité, parce que s'ils étoient
trop serrez ils ne prendroient pas leur
juste grosseur : les pêches & les abricots s'abattent avec le doigt.

Du temps d'éfeüiller les arbres.

Dans le commencement d'Août &
même sur la fin de Juillet, il est bon
petit à petit d'ôter les feüilles des arbres qui ombragent les fruits, afin que
le Soleil par sa chaleur contribuë à les
colorer aux premieres rosées du matin
qu'il fera , au défaut desquelles vous
les moüillerez une fois le jour avec
l'arrosoir.

Mais il faut prendre garde de se
comporter dans ce travail avec prudence ; car qui iroit tout d'un coup
ôter ces feüilles sans ménagement ,
mettroit la plûpart des fruits en danger de se desseicher, de maniere qu'ils

perdroient la plus grande partie
de leur feve qui fait leur bonté ; fi
bien donc qu'il faut petit à-petit donner d'abord de l air aux fruits, & commencer par ceux qui femblent approcher le plus de leur maturité, puis
continuer de jour en jour jufqu'à ce
qu'ils foient tous découverts, & pour
lors on leur voit prendre un beau
coloris, en quoi confifte une partie de
leur mérite, particulierement quand
ce font des pêches ou des abricots.

Du temps de paliffer les arbres, &
comment le faire.

Pour ce qui eft de paliffer les arbres,
le temps le plus propre eft lorfqu'ils
font taillez.

La principale fujetion pour bien
conduire un efpalier eft d'étendre les
branches en forme de main, ou d'é-
ventail ouvert, prendre garde qu'elles ne croifent point les unes fur les
tres.

S'il fe rencontroit pourtant quelque place à l'arbre qui ne fût pas garnie, on pourroit en ce cas croifer
quelque petite branche pour couvrir

ce vuide ; mais il ne faut luivre cette
maxime que tres-rarement.

Il eſt néceſſaire de donner au moins
quatre labours aux arbres par chacun
an, le premier ſera avant l'Hyver,
il faut que ce labour ſoit profond. Le
ſecond labour ſe fera à la ſortie de
l'Hyver, il ſervira à bien mêler la
terre avec le fumier qui aura été mis
avant l'Hyver, pour les autres, vous
les donnerez legerement ; il ſuffit
d'empêcher les mauvaiſes herbes d'y
croître.

Les labours ne ſe font jamais par
un temps de pluïe, ainſi que par le
grand Soleil, dautant que l'un rend
la terre en mortier, l'autre altere les
racines qui ſont encore tendres.

Donnez-vous de garde de labourer
les jeunes arbres, ſur-tout dans les
terres chaudes & legeres, la premiere
& ſeconde année qu'ils ſont plantez,
c'eſt riſquer à les perdre ; il faut laiſſer à leur pied le fumier qu'on a dit
d'y mettre en les plantant, & ſe contenter de les arroſer pendant les grandes chaleurs.

Remarques sur la taille des arbres.

Il y a des arbres qui font tellement vigoureux, que quelque taille qu'on leur donne, on ne fçauroit les mettre à fruit, ils pouffent tout en bois. Nos anciens Jardiniers ont prétendu avoir trouvé des fecrets pour arrêter cette fougue, mais ils fe font trompez ; car quand on en fait l'épreuve on eft auffi avancé comme fi on n'avoit rien fait. Nous ne les raporterons pas ici puifqu'ils font fans effet ; nous nous contenterons de parler de ceux qui fe pratiquent heureufement.

Et pour cela, lorfqu'on trouve un arbre qui pouffe avec trop de vigueur, il faut pour arrêter cette fougue avoir recours aux racines, comme à la fource d'où lui provient cette grande abondance de feve qui la met ainfi dans l'action, & en retrancher une ou deux, & même trois, fi on juge qu'il en foit befoin ; il faut que ce foit des plus fortes & des plus groffes, après les avoir découvertes par le moyen d'une terre qu'on creufe tout autour.

On peut bien juger que ce remede eſt infaillible, & que les ca-
naux par où montoit toute cette
grande force étant retranchez, un
tel arbre ne peut plus pouſſer que
médiocrement, ce qu'il faut qu'il
faſſe pour donner du fruit, devant
ſçavoir pour maxime que ce n'eſt
point par le moyen d'une ſeve trop
abondante que les arbres fructifient,
mais que c'eſt lorſque la ſeve y eſt
médiocre.

CHAPITRE VI.

De la maturité des fruits, com-
ment les conſerver dans la frui-
terie ; ce que c'eſt qu'une ſruite-
rie, & comment elle doit être
conſtruite.

IL ne ſuffit pas d'avoir donné tous
ſes ſoins pour avoir de beaux fruits,
il faut encore les ſçavoir cueillir à
propos, & connoître quel eſt le point
de leur maturité pour les manger à
propos.

Les uns meuriffent fur l'abre & les autres hors de l'arbre ; on comprend dans la premiere claffe les fruits rouges ; telles que font les cerifes de toutes fortes, les grofeilles & les framboifes ; les abricots, les pêches & les prunes meuriffent encore fur l'arbre, ainfi que les poires d'Eté, & tous ces fruits ne doivent point être cueillis qu'ils ne foient meurs, autrement ils fe fanent, & ne valent rien à manger.

Les figues font encore du nombre des fruits qui doivent fe cueillir fur l'arbre dans leur parfaite maturité, ainfi que les poires d'Eté ; mais pour connoître au jufte cette maturité, il faut avoir recours à trois de nos fens, fçavoir, à la vûë, au toucher & à l'odorat ; il ne faut quelquefois auffi que la vûë feule pour juger fi un fruit eft meur, comme par exemple, une fraife, une framboife, un raifin & autres fruits rouges : quant aux pêches & aux abricots, il faut aprés en avoir jugé par les yeux, les tâtonner legerement, & pour peu qu'elles obéiffent fous le pouce, on peut dire qu'il eft tems de les cueillir.

Une figue donne une marque de
a maturité parfaite, lorsqu'elle pa-
oît jaune non feulement, mais qu'-
elle a la peau ridée & un peu déchi-
eé, qu'elle panche la tête, & qu'elle
a le corps ratatiné : pour les prunes
il faut qu'elles foient bien fleuries,
& qu'étant à l'arbre elles s'en détachent pour peu qu'on y touche.

Pour ce qui regarde les fruits beu-
rez d'été, il ne faut que les tâtonner
trés legerement ; & du moment que
la chair obéit fous le pouce, c'est
figne que ces fruits fon parvenus à
leur maturité parfaite : pour les autres poires d'été qui font caffantes,
la vûë & l'odorat dans les poires qui
ont de l'odeur en peuvent facilement juger ; il n'en eft pas de même
des fruits d'hyver qui font fur l'arbre
& qu'on doit cueillir avant leur maturité, la faifon plus ou moins chaude dans laquelle il faut les cueillir,
avance plus ou moins leur récolte,
ce qui va environ vers la Touffaints.
Voici en quelque façon l'ordre naturel de la maturité de chaque
fruit.

Les cerifes précoces, & enfuite

les fraifes , les framboifes & les grofeilles commencent à meurir dans le
mois de May , & cela un peu plûtôt ,
ou un peu plus tard ; on en mange
jufqu'à la mi-Juillet , on en mange
auffi de groffes dans ce temps.

Les poires de petit mufcat &
les pêches mufquées commencent
à fe fervir fur la fin de Juin , ou au
commencement de Juillet : les abricots viennent enfuite, puis les prunes & les autres poires d'été qui paroiffent en abondance depuis la fin de
Juillet jufqu'à la mi-Septembre , où
il y a beaucoup de pêches ; on y mange auffi les pommes de calville d'é-
té , & quelques autres poires qui font
excellentes.

On mange au mois d'Octobre les
pêches nivettes , les violettes tardives , les beurrez , vertes longues ,
doyenné , lanfac , fucré vert bergamote , meffire-jean & plufieurs autres ; mais il faut à l'égard de ces
poires qu'elles faffent quelque fé-
jour dans la fruiterie avant qu'on
les puiffe manger dans leur jufte maturité ; & pour les leur y faire acquerir, voici comment il faut les y met-

re, ainſi que les fruits d'hyver. Mais
ommençons par les fruits tendres,
ceux qu'on ne cueille que lorſqu'ils
ont parfaitement meurs.

Il faut bien prendre garde quand
on cueille quelque fruit que ce ſoit de
e point les meurtrir ; & lorſque les
figues & les pêches ſont bien cueïl-
lies, & miſes proprement dans des
corbeilles, on les tranſporte doucement dans la fruiterie, où il eſt important de les bien placer, ou bien on
ri que d'en perdre beaucoup.

La ſituation des pêches eſt d'être
placées ſur leur queuë, ſi on les poſe
autrement elles ſe meurtriſſent ; on
place les figues ſur le côté ; à l'égard
des prunes, il n'importe comment on
les poſe, toutes ſortes de ſituations
leur conviennent.

La veritable maniere de poſer les
poires, eſt de les aſſeoir ſur l'œil ;
pour les pommes on les peut mettre
ſans danger tantôt ſur l'œil, tantôt ſur
la queuë ; ces deux derniers fruits ſe
conſervent aſſez bien ſur le bois tout
nud.

Le raiſin pour ſe bien conſerver
veut être pendu en l'air attaché par

un fil, foit à quelque cerceau fufpen-
du, foit à des claies attachées aux
folives : il y en a qui en mettent fur
de la paille, & on tient que pour
conferver le raifin jufqu'en Fevrier,
Mars & Avril, il faut le cueillir avant
qu'il foit meur.

Les pommes vont volontiers jufqu'au mois de Mars ; les reinettes &
l'apis peuvent fe foûtenir jufqu'en
May, que les premieres font un peu
ridées, ce qui eft une marque de leur
maturité.

La durée des poires eft partagée ;
celles qui vont le plus loin, font le
bon Chétien d'hyver, le Martin-fec,
le faint. Lezin & les poires à cuire :
pour les fraifes & les framboifes elles
n'ont gueres qu'un jour ; les cerifes,
les bigareaux, les guignes & les grofeilles peuvent durer deux jours.

De la fruiterie.

La véritable conftruction d'une
bonne Fruiterie confifte à la rendre
impénétrable à la gelée, parceque le
froid eft l'ennemi mortel des fruits,
qui du moment qu'ils font gelez,

ne valent plus rien qu'à jtter.

Il faut pour bien faire que cette Fruterie soit exposée au Midy ou au Levant ; il peut y en avoir au Couchant, mais jamais au Nord : les murs en doivent être épais de vingt-quatre poûces ; les fenêtres ou autres jours qui lui conviennent seront munis de bons chassis doubles faits de papier, & bien calfeutrez ; la porte sera double, afin que le froid quand il est grand n'y puisse avoir entrée : on désaprouve tout à fait le feu dans les fruiteries, cette chaleur gâte plûtôt les fruits qu'elle ne les conserve.

On doit prendre garde que la Fruiterie n'ait rien qui puisse donner mauvais goût aux fruits, qu'elle ne soit point sujette à sentir l'enfermé, ce qu'on évite en lui donnant assez de jour pour y faire entrer l'air quand il est à propos, c'est ce qui la purifie.

Une Cave ou un Grenier ne sont point propres du tout pour faire une Fruiterie : la premiere, parce que les fruits qu'on y met sont sujets à prendre un goût de moisi, & qu'ils s'y pourrissent bien-tôt ; & l'autre parce que le froid les y surprend trop tôt.

La Fruiterie veut être souvent vi-
sitée, & pour qu'elle soit dans l'ordre, on la garnit tout au tour de tablettes sur lesquelles on pose les
fruits comme on a dit, & séparément
les uns des autres : ces tablettes seront bordées en dehors d'une petite
tringle d'environ deux doigts, pour
empêcher que les fruits ne tombent
en roulant ; & c'est par cette maniere
propre de ranger les fruits qu'on voit
aisément s'ils se gâtent, & qu'on peut
ôter les gâtez, crainte qu'ils n'infec-
tent les autres.

On aura soin de balayer souvent la
Fruiterie & de la bien nettoyer, d'en
ôter les toiles d'araignées, d'y tendre
de petits pieges pour y prendre les
rats & les souris ; & il est même à
propos d'y laisser à la porte quelque
trou pour y laisser entrer les chats qui
leur feront une grande guerre.

Quand on range les fruits dans la
Fruiterie, il faut avoir la précaution
de mettre chaque espece à part sur
une tablette ; & s'il y en a plusieurs
on les separe par des tringles. Voilà
comment après avoir bien pris des
soins pour avoir des fruits, on sçait
les

s conſerver long-temps pour avoir
plaiſir de les manger, & d'en ſervir
ſes amis.

CHAPITRE VII.

e la Pepiniere & Bâtardiere.

A pepiniere étant l'endroit où
l'on commence à élever les ar-
res, il eſt bon de dire ici de quelle
naniere on doit la gouverner.

Il faut d'abord choiſir un bon mor-
au de terre, ſelon qu'on ſouhaite
ue la pepiniere ſoit plus ou moins
acieuſe, & l'aïant fait foüiller, (il
i faut de neceſſité ce travail,) on
nge aprés à la remplir de ſemences
ui lui conviennent, tant pepins que
oyaux.

Les premiers ſe ſement en rayon, &
s autres au plantoir à quatre bons
oigts les uns des autres; on prend
arde de ne point mêler les eſpeces,
pour cela on les met à part.

On préſupoſe que la terre où on les
et ait été préparée comme il faut,
on obſervera de choiſir un beau

F

temps pour faire ce travail, & tou
jours vers la fin de Février, quand
terre fera renduë meuble.

A l'égard des noyaux, ce travail
doit pratiquer en Novembre ou Dé
cembre, & on ne fe fert que d'aman
des pour cela. Voici la meilleure me
thode & celle qui réüffit le mieux.

On prend des pots ou des mane
quins, on met d'abord deffous un li
de terre ou de fable, puis des aman
des, en forte qu'elles ne fe touchet
point, & on continue ainfi lit par lit
jufqu'à ce que ces manequins ou ce
pots foient remplis.

Il eft bon de les arrofer, de les laif
fer à l'air jufqu'aux gelées, & lorfqu
le froid eft venu, de les porter en
une cave ou autre endroit, où il
ne puiffe point avoir prife fur ces
noyaux; ils reftent en cet état jufqu'
au mois de Mars qu'on les en tir
pour les planter en place; & pour
cela, on les verfe doucement à terre,
on les manie de même, crainte d'en
rompre le germe qui eft déja formé;
puis on les plante fur des alignemens,
& à la diftance qu'on a dite : Cette
méthode de planter les noyaux eft

Le Jardinier François. 67

propre pour les terres humides, ainſi
que pour les legeres.

Outre les ſujets propres à greffer
ſur les Pêchers & les Abricotiers, on
ſe ſert encore de Pruniers de ſaint
Julien & de Damas noir ; ces plans
conviennent encore fort bien pour
les Pruniers qu'on greffe en fente,
lorſque les ſujets ſont aſſez gros pour
les ſouffrir, ſinon on les écuſſone comme on le dira.

Pour faire une pepiniere de fruits
rouges, qui ſont les ceriſes, groſeilles
& bigareaux, il faut ſe ſervir de Me-
riſiers amers & blancheâtres ; les
rouges ont la ſeve trop revêche, &
les ceriſes y languiſſent toûjours ; on
peut encore ſe ſervir pour cela de ce-
riſiers de pied, les ceriſes précoces y
viennent trés-bien.

On fait une pepiniere de figuiers
en prenant les petits rejettons qui
naiſſent des pieds des vieux figuiers,
ou des branches de deux ans qu'on
couche en terre. Si vous voulez avoir
des aſeroles, prenez de l'épine-blan-
che pour les greffer, ou des cognaſ-
ſiers : le neflier ſe greffe auſſi ſur l'é-
pine-blanche & ſur le cognaſſier, il

est vrai qu'on n'en éleve gueres

Quant aux Poiriers nains , ils se greffent sur coignassier ou sur franc , & les Poiriers à plein vent sur franc aussi : quand ils sont assez gros pour souffrir la fente & sur sauvageons de bois , sur lesquel ils font merveille.

On greffe les Pomiers nains sur le Paradis , qui est une espece de Pomier qui étant toûjours nain , donne des pommiers de pareille nature , qui forment des buissons fort agreables , & qui chargent beaucoup : ils sont aujourd'hui des plus à la mode , & on s'en sert au lieu de groseilliers pour les mettre entre deux buissons.

Pepiniere pour les plans enracinez.

Pour les *Plans enracinez* , tant francs que sauvageons de bois , de pommes & de poires, que pruniers & coignassiers , vous creusez de petites rigoles de la hauteur & largeur d'un fer de bêche seulement , distantes de trois pieds l'une de l'autre , & jettant la terre toute d'un côté sur le bord du rayon.

Cela fait , vous y pofez votre plan l'apuïant de l'autre côté, & l'aïant auparavant habillé comme il faut , vous ne le placez qu'à demi pied l'un de l'autre , chaque efpece à part.

A mefure que vous poferez vos plans dans cette tranchée, vous y ferez jetter la terre deffus , & remplirez le rayon fur lequel vous marcherez un peu , pour affermir la terre & la mieux faire joindre aux plans , cela empêche que leurs racines ne s'éventent.

Il faut être foigneux d'en déranger les méchantes herbes , par des labours fort legers qu'on leur donne : il eft bon de rogner les plans à quatre doigs haut de terre quand on les y met, & non pas par un raifonnement auffi faux qu'il eft ridicule, d'attendre comme la plûpart des Jardiniers, à faire cette operation au mois de Mas.

Quand les plans ont pouffé on ne leur laiff qu'un jet, abattant les autres au mois de Février uivant, & fur ce jet on ébourgeonne les yeux d'en bas jufqu'à un pied de haut , afin qu'il ne fe trouve point de nœuds à l'écorce qui empêche de placer une greffe commodément.

Si dés l'année même que vos plans auront été mis en terre, il s'en trouve d'affez forts pour écuffonner, & qu'ils foient en feve, ne faites aucune difficulté de les greffer.

Pour les amandiers, ils fe greffent toûjours la même année que les noyaux font plantez, autrement c'eſt leur faire perdre une année mal à propos ; on les écuffonne toûjours fur jeune bois, & non fur celui de deux ans, où l'écuffon ne reprend que rarement.

Tous ces plans étant ainſi plantez, on les entretient tous les ans de trois ou quatre labours, & on les greffe comme nous le dirons dans la fuite : paſſons auparavant à la bâtardiere.

De la Bâtardiere.

Une bâtardiere eſt un plan d'arbres greffez & tirez de la pepiniere qu'on éleve & qu'on conduit en efpalier ou buiſſons, juſqu'àce qu'on les déplante pour les mettre en place. Cet endroit eſt ordinairement un des plus

reculez du Jardin, à caufe qu'il ca-
cheroit la vûë des autres quarrez.

Le lieu étant choifi, & la terre bien
préparée, on fait faire des trous tirez
au cordeau de deux pieds de large fur
tout fens, & d'un pied & demi de
profondeur, diftans de quatre pieds
l'un de l'autre,& les rangées éloignées
de même.

Aprés cela, on prend dans la pepiniere les abres greffez, on les tranfplante dans la bâtardiere, il n'importe que la greffe ne foit que de deux
ans, ils font affez bons pour être re-
plantez ; & pour y réüffir, on fe re-
glera fur ce qui a été dit fur la maniere de planter les jeunes arbres

Ces arbres étant ainfi plantez ; on
les conduit ou en efpaliers, ou en
buiffons par le fecours de la taille,
comme s'ils étoient en place.

Si vous voulez durant les grandes
chaleurs, faire beaucoup de bien à ces
jeunes arbres, c'eft de mettre autour
du pied de la fougere ou du grand fumier, quatre doigts d'épais feulement, & trois pieds en largeur fuffifent : leur tige doit être au milieu,
cela fert à ombrager les racines, à

entretenir la fraîcheur de la terre, & empêche que les grandes pluïes vénant à la battre, ne l'oblige à se crevaffer lorſque le hâle auroit donné deſſus; ce qui leur cauſe un notable préjudice.

Si immédiatement avant que de mettre ce fumier, on fait donner un labour à la terre, ce ſera un doublé avantage que les arbres en recevront, dautant qu'elle s'entretiendra toûjours meuble, & ne pouſſera aucune mauvaiſe herbe ſous ce fumier.

Une *Bâtardiere* eſt neceſſaire pour trois raiſons; la premiere, pour avoir des arbres comme en magaſin, & dont on puiſſe ſe ſervir pour remplir d'abord la place d'un qui ſeroit mort, ou qui languit & ne profite point.

La ſeconde, pour ôter la confuſion qui pourroit être dans une pepiniere, à cauſe de la trop grande quantité de jeunes arbres.

Et la troiſiéme c'eſt pour en avoir à vendre, & ſe dédommager par là de la dépenſé qu'on a faite à les planter; on peut auſſi tirer du fruit de ces arbres en cet endroit, ce qui eſt une double ſatisfaction.

On

On doit auſſi avoir une bâtardiere
pour les *arbres à plein vent*, que d'autres nomment *arbres de haut vent*, en
plein air, & d'autres *arbres à pied droit*,
ou *arbres de haute tige*, ils doivent en
avoir ſix ou ſept pieds pour être
beaux.

Quoique ces arbres demandent en
quelque façon la même culture que
les arbres nains, néanmoins il faut
obſerver en les plantant, & pour
leur bien préparer la tête, d'y laiſſer
trois ou quatre branches de la longueur de dix ou douze poûces.

Les poiriers de tiges ne doivent être
greffez que ſur franc & en fente, &
les pomiers ſur doucin & non pas ſur
paradis : les arbres à plein vent veulent auſſi qu'on les décharge du bois
qui leur eſt inutile, & être plantez à
deux toiſes & demie ou trois toiſes
de diſtance ; ſi l'on plante un buiſſon
entre deux, il faut quatre toiſes.

Le quinconce eſt la figure qui leur
eſt la plus ordinaire : on peut encore
les planter, ſi on veut, à angles droits.

On pourra ſemer dans ces plans
quelques herbages, & particulierement des légumes, comme pois,

G

féves, &c. Cela fervira à les entretenir de labours, mais il ne faut pas
que ce foit la premiere année, à
moins que ces labours ne fe donnent
à plus d'un bon pied éloigné de celui
de l'arbre, pour les raifons qui en
ont été dites.

CHAPITRE VIII.

Des greffes & du choix qu'on en doit faire.

C'Eſt un point eſſentiel, en fait
de Jardinage, de ſçavoir bien
choiſir les greffes, car c'eſt de là que
dépend la fécondité plus ou moins
promte des arbres.

Les meilleures greffes pour *la fente*
ſont celles qu'on tire du bout des
plus fortes branches d'un arbre qui
eſt dans ſon année de raport : il eſt
bon qu'il y ait du bois de deux ſeves;
elles ſe cueillent en Février, qui eſt
le tems de greffer, ou en Mars, il
n'importe en quel tems de la Lune.

En cueillant vos greffes vous leur
laiſſerez, comme on a dit, du bois de

la féve précédente, la longueur de
deux ou trois travers de doigt, pour
y faire l'entaille. Ce n'eſt pas qu'on
péchât beaucoup quand on ne greffe-
roit que du bois de la derniere féve ;
mais l'expérience a apris que ſuivant
la derniere maxime, les arbres en
raportoient plûtôt du fruit.

On peut conſerver les greffes juſqu'à ce qu'on veuille les appliquer
ſur le ſujet qu'on leur deſtine, en les
enterrant à moitié dans quelque petit endroit un peu ombragé.

La greffe *pour écuſſon à œil pouſſant*,
ſe cueille quand on veut s'en ſervir ;
c'eſt pour l'ordinaire au mois de Juin,
& ſelon qu'on remarque que le bois
eſt en féve,& que l'œil dela gréfe eſt
aſſez fort pour pouvoir être levé ſans
offenſer le germe qui eſt dedans.

Il faut apliquer au plûtôt cette
greffe, ſinon la conſerver dans de
l'eau fraîche & nette, qu'on chan-
gera tous les jours ; elle ne doit tremper que d'un travers de doigt ſeulement.

La greffe pour *l'œil dormant* ſe cueille en Juillet ou Août ; c'eſt auſſi l'a-
ction de la féve qui doit regler cette

operation : nulle confidération pour la lune en ce travail , ce n'eſt qu'une ſuperſtition groſſiere , & digne ſeulement des eſprits foibles en fait d'Agriculture.

Si la ſéve eſt lente à agir dans les terres legeres , il faut au défaut d'une certaine humidité qui leur convient, uſer des arroſemens ; cette humeur ſans doute la mettra en mouvement dans les ſauvageons. L'écuſſon eſt toûjours aſſez bon quand même il ne ſe voudroit point détacher de ſon bois , puiſqu'on les peut apliquer enſemble ; mais le ſujet manque quelquefois bien de diſpoſition pour le recevoir heureuſement faute de ſéve , & il arrive ordinairement , quand l'Eté eſt trop ſec , qu'ils ne pouſſent que fort peu dans la ſéve d'Août.

On connoît que le ſauvageon, ou ſujet eſt bien en ſéve , en deux manieres; l'une en inciſant l'écorce avec le greffoir ; ſi en la levant elle quitte le bois , c'eſt bon ſigne , ſi on , il faut attendre que la ſéve agiſſe plus abondament ; autrement on travaille en vain.

L'autre indice eſt quand on voit au bout des branches des ſujets, des feüilles produites par la nouvelle ſéve qui ſont plus blanchâtres que les autres.

La greffe pour l'écuſſon ſera choiſie pour les poiriers du jet de l'année, les yeux en ſeront bien nourris & bien fomez ; pour le pêcher ce ſera de même quant au jet, mais il faut que les yeux en ſoient doubles, & que la branche ſoit de belle venuë ; il y en a beaucoup qui ſont maigres par le bout, auſquelles à peine trouve-t-on un ou deux yeux de bons. On cüeille ces greffes tout proche du jet de l'année précédente ; on en ôte le bout d'en haut où l'on ne ſçauroit lever d'écuſſons ; il faut auſſi couper les feüilles à la moitié de la queuë, n'é-tant beſoin que d'un petit bout de cette partie pour tenir l'écuſſon lorſ-qu'on le place.

CHAPITRE IX.

De la maniere de greffer tant en écusson, fente qu'autrement : De quelques avis sur les gréfes, & particularitez qui regardent les arbres & les fruits.

ON ne compte que trois manieres principales de greffer, qu'il soit nécessaire de sçavoir, & dont on puisse esperer un heureux succés : Il y a l'*écusson*, la *fente* & la *couronne*.

L'écusson est de deux sortes, sçavoir à *œil poussant*, & à *œil dormant* ; le premier se fait au mois de Juin, & l'autre en Juillet, Août & Septembre, & il faut pour réüssir dans l'un & l'autre, que l'arbre soit en pleine séve.

Si-tôt que l'écusson à œil poussant est fait, on coupe la tige du sauvageon à quatre doigts ou environ au-dessus de la greffe, pour l'obliger incontinent à pousser, au lieu qu'à celui à œil dormant, l'operation ne s'en fait qu'en Avril.

Pour reüffir à pofer l'un & l'autre écuffon, il faut que le tems foit beau & doux, point fec ni pluvieux, parce que le hâle & la pluïe empêchent qu'il ne fe colle au fujet: voici au refte comment on léve l'écuffon.

Prenez vôtre greffoir, faites une incifion fur la greffe en forme d'un V. tenez en bien aprés cela les feüilles, & tâchez en le tirant doucement à vous, à le lever.

Cela fait, vous inciferez le fujet avec votre greffoir à l'endroit le plus uni, à trois ou quatre poûces au deffus de terre, & cette incifion fe fera en maniere d'un T. On doit bien prendre garde dans cette operation, à ne point offenfer le bois, en enfonçant trop le greffoir, car la moindre bleffure qui pourroit furvenir à ce bois, pourroit faire douter du fuccés de l'entreprife.

Ces deux incifions étant achevées, on prend le manche du greffoir, avec lequel on ouvre de part & d'autre l'écorce de l'incifion du fujet, enfuite on prend de la main gauche l'écuffon qu'on tient dans fa bouche, & de la droite on l'infere avec le coin du

G iiij

manche du greffoir dans cette incifion.

L'écuffon pofé, vous le liez avec
de la laine, qui vaut mieux que la fi-
laffe, dautant que s'allongeant à mefure que l'écuffon pouffe, elle ne l'é-
trangle point.

L'œil dormant eft préférable pour
les pêchers & abricotiers à celui de
la pouffe, à caufe que n'aïant pas le
temps devant l'hyver de pouffer, il
fe met par là hors du dommage qu'-
en recevroit fon jeune jet.

L'hyver étant paffé & cet écuffon-
cy commençant à pouffer, on coupe
la tige du fauvageon, comme on l'a
dit, & la laine qui le tient ferré ; c'eft
par derriere que cette ligature fe
coupe, fans l'ôter, dautant qu'elle
tombera affez d'elle-même.

Pour l'argot qui eft au-deffus de l'é-
cuffon, il ne faut le couper qu'au mois
de Février de l'année fuivante, dans
le tems qu'on taille les arbres.

De la greffe en fente.

Quant à la *greffe en fente*, tous arbres
depuis la groffeur du doigt, jufqu'aux

plus gros, y peuvent être propres :
le tems de la faire eſt depuis que les
gelées ſont paſſées, juſqu'à ce que les
arbres entrent en ſéve.

Pour greffer en fente, il faut ſcier le
ſauvageon à quatre poûces environ
au-deſſus de la terre, puis en ragréer
la coupure avec la ſerpette.

Cela fait, fendez vôtre ſujet du
côté où l'écorce vous paroît la plus
unie, & un peu à côté de la moëlle,
avec un petit coin de bois que vous
laiſſez dans la fente, juſqu'à ce que
votre greffe ſoit prête à y être intro-
duite; enſuite vous taillez cette greffe
en maniere de coin, vous l'inſerez
dans le ſujet, & la placez ſi bien, que
les endroits par où monte la ſéve
(qui ſont entre le bois & l'écorce) ſe
joignent trés juſtement.

Aïant poſé votre greffe, vous ôtez
le coin bien doucement ſans ébranler
la petite branche greffé , vous couvrez ce qui reſte de la fente avec un
peu d'écorce tendre, puis vous l'em-
maillotez avec de la terre glaiſe, de
la mouſſe par deſſus, & deux écorces
de ſaules croiſées qu'on lie d'un ozier
au-deſſous de la fente de la greffe .

cela s'appelle en terme de Jardinage une *poupée.*

On peut fur un fujet pour la fente y pofer deux ou quatre greffes, felon la groffeur du fujet ; en ce cas-cy , on fait fur le fauvageon deux fentes en croix , & on obferve au refte tout ce qui a été dit.

Si vous gréfés en fente fur un vieux arbre qui foit vigoureux , il eft bon de ne lui pas abatre toutes fes bran-ches , & voir auparavant comment la féve agira ; car s'il n'y avoit que le fujet feul , il pourroit arriver que cette féve y feroit fi abondante qu'el-le fuffoqueroit la greffe ; fi au con-traire on voit qu'elle y agit modéré-ment , on coupera alors toutes ces branches inutiles.

De la greffe en couronne.

Cette greffe fe fait entre le bois & l'écorce , & ordinairement fur les vieux arbres , & dont l'écorce eft trop dure pour fouffrir l'effort du coin fans être endommagée.

Cela obfervé , & après qu'on a fcié le fujet & rafraîchi le trait de la fcie jufqu'au vif ; on taille les greffes par

un feul côté en aiguifant , puis on
prend un petit coin de fer qu'on pofe
entre le bois & l'écorce , on frape
deffus avec un maillet pour détacher
l'écorce d'avec le bois , & aprés l'a-
voir retiré , on y pofe la greffe ,
mettant le bois coupé du côté du
bois du fujet , l'écorce contre l'é-
corce , & enfonçant cette greffe
jufqu'au haut de l'entaille.

On met ainfi autour du tronc de
l'arbre , autant de greffes qu'il en
peut porter , diftante l'une de l'autre
de trois poûces & demi , ou environ :
le temps de greffer en couronne eft à
la fin d'Avril & au mois de May ,
quand les arbres font en pleine féve ;
on n'attend pas ce temps pour cueillir les greffes qui y font propres , on
les cueille comme pour la greffe en
fente , & on les conferve jufqu'à ce
tems-là enterrées , comme on a dit
cy-devant.

Quand la greffe en couronne eft
faite , on fe fert d'ozier pour lier le
fujet & tenir les greffes en état , puis
on y fait une poupée , comme à la
greffe en fente.

Si quelques unes des greffes qu'on

a faites en fente ou en éculïon, manquent à poulier, il ne faudra pas en arracher les fujets, car ils repoulieront de nouveaux jets, qui auront quantité de petites branches qu'on élaguera d'un demi-pied, & plus, s'ils font bien forts. Cela fe fait en Automne aprés la chûte des feüilles, & l'on a par ce moïen des fujets fur lefquels on peut regreffer.

Les poiriers fe greffent en éculïon fur la coignalie & le franc, & en fente fur le franc, fauvageons de bois ou autres gros fujets.

Toutes fortes de pomiers viennent très-bien, & donnent de trés-beaux fruits fur paradis, mais les arbres en demeurent toûjours nains, & particulierement le calville qui y fait merveille, & qui prend plus de rouge dedans que celui qui eft greffé fur franc, qui eft le veritable fujet pour les pomiers à plein vent.

Les *pruniers* reçoivent également bien l'éculïon comme la fente ; il y en a quelques efpeces qui viennent francs du pied ; c'eft à dire, qui n'ont point befoin d'être greffées, & poullent de leur racine une tige qui

forme un arbre, dont le fruit qu'il
aporte eſt merveilleux ; telles ſont
quelques eſpeces de damas, & la
ſainte-catherine : quoique la greffe
pourtant qui eſt un ſecours de l'art,
l'emporte toûjours au-deſſus de la
nature : les meilleurs ſujets pour
greffer les pruniers au ſentiment des
Jardiniers les plus expérimentez,
ſont le ſaint-Julien & le Damas.

Les *Abricotiers* ſe greffent ſur les
amandiers, & pruniers, & toûjours
en écuſſon à œil dormant ; il y a de
deux ſortes d'abricots, l'ordinaire &
le hâtif ; celui-ci demande une bonne
expoſition. Les abricotiers en eſpalier donnent leur fruit plus gros que
celui qui eſt à plein vent, mais l'autre les produit d'un meilleur goût,
& plus ſucculent.

Les *Pêchers* ſe greffent comme les
abricotiers, c'eſt-à-dire, ſur l'amandier & ſur le prunier de damas noir
& ſaint Julien ; ceux qu'on greffe
ſur pêcher ne durent que trés-peu,
on ne s'aviſe guéres auſſi de le faire,
à moins que ce ne ſoit quelques pêchers en place qu'on veüille écuſſon-
ner, pour changer l'eſpece.

Si par l'intemperie de quelque mauvaife fraîcheur d'une nuit , ou par un vent roux les feüilles ou le jeune bois d'un pêcher fe trouvent endommagez , le plus court chemin eft de le fcier au plûtôt jufqu'au gros des plus fortes branches , afin qu'elles en rejettent de nouvelles , qui reparant le dommage , tiendront toûjours l'arbre garni, autrement le bois bleffé ne pouffe que des branches maigres , & dont on ne peut rien efperer.

Les curieux qui veulent garantir leurs pêches & leurs abricots de la gelée , font au deffus de leur efpalier une maniere de petit auvent de deux pieds de faillie hors du mur , & mettent de grands rideaux de toile audevant , pendus à des tringles de fer, & des anneaux pour les fermer ou ouvrir en tems & lieu.

Au lieu de rideaux, on y met des paillaffons ou des nattes qui fe roulent & qu'on abat quand on veut : c'eft une dépenfe à la verité, mais c'eft pour plus d'une année ; aprés cela , il ne faut plus qu'être foigneux de couvrir à propos ces pêchers , &

de les découvrir quand le Soleil donne, ou que le tems est doux.

Les cerisiers & bigareautiers se gré-
fent sur le merisier pour le plein vent,
& sur le cerisier pour être nain. Le
tems de les écussonner est au commencement de Juin, quand le fruit
commence à rougir & prendre couleur; il s'en peut aussi greffer à œil
dormant, si on veut; le *Mérisier* re-
çoit plûtôt la fente que l'écusson, &
cette greffe convient aussi pour les
arbres de tige.

Pour les *Amandiers*, nous avons dit
la maniere de les multiplier par la semence dans le chapitre des pepinieres; on peut y voir.

Des Figuiers.

POUR ne point nous arrêter ici à la méthode de multiplier les figuiers par le fecours de la femence, nous pafferons aux autres manieres de les élever, qui font les *Boutures, plans en-racinez*, ou *dragcons*, & les *marcottes*.

Les boutures font meilleures éclatées que coupées ; il faut qu'elles aïent au moins trois ans, que le bois en foit robufte & plein de nœuds ; la cime à trois fourchons eft préferable à tout autre ; on fait cas auffi de celle qui eft au haut de l'arbre ; & le veritable tems de les planter eft le mois de Mars & d'Avril ; cela fe fait en rigole comme les coignaffiers.

Les marcotes fe font en paffant une branche à travers un manequin rempli de bonne terre, on l'attache bien ferme à l'arbre, afin qu'il ne foit point ébranlé par les vents, ce qui empêcheroit que la branche paffée dedans ne prît racine. On a foin de

l'arrofer

l'arrofer de tems en tems, afin d'aider à la vegetation.

Il faut marcoter le figuiers un peu auparavant qu'ils commencent à pouffer, comme au mois de Mars, & les fevrer de leur mere au mois d'Octobre, pour les planter à demeurer foit en caiffe, pots, ou pleine terre.

Les drageons s'éclatent du pied, & comme il y tient toûjurs un peu de chevelu, ils fe plantent comme les marcotes.

Les figuiers réüffiffent mieux dans les terres legeres que dans les humides; leur principale taille eft de foigner à pincer le bout des jets de l'année, dès le commencement de Juin, cela fait que les figuiers en donnent plus de fruits.

Le bois des figuiers étant fort fufceptible de gelée, on doit les couvrir pendant l'hyver quand ils font en pleine terre, & mettre les caiffes dans la ferre.

Ne plantez jamais de figuiers prés des cloaques ou eaux croupiffantes, ils n'y font chofe qui vaille, donnant toûjurs plus de bois en ces endroits, quedefruit.

H

Les figuiers qu'on plante en lieux chauds, pierreux ou sablonneux, ont le goût bien plus relevé, que ceux qu'on met en terre froide, ou sous des goutieres, ils demandent plûtôt l'abri des murs que le plein vent.

Ces arbres ne veulent point qu'on les contraigne comme les autres espaliers; ainsi, au lieu de les coller contre le mur, on se contente d'en attacher le corps des grosses branches, & non pas les jets, d'où naissent les figues qui veulent de l'air.

Les figuiers se greffent en flûte on en écusson, celui-ci est le plus sur & le meilleur, il faut toûjours les écussonner au bas de l'arbre.

L'écusson pris sur une branche de deux ou trois ans est plus sûr, que celui qu'on leve sur du jeune bois de l'année, & à cause de l'épaisseur de l'écorce, on la léve d'un seul coup de couteau, parce qu'alors, il s'aplique mieux sur le sujet.

Quand par malheur le grand froid a ruiné les figuiers, il ne faut les receper qu'aprés la saint Jean, la séve qui y agit toûjours en abondance, les renouvelle bien-tôt.

Les cendres de la leſſive ſont mer-
veilleuſes pour raviver les figuiers ,
& les conſrver toûjours en bon
état : on les répand à leurs pieds,
elles empêchent l'herbe d'y croître ,
& font mourir celles qui y ſont ve-
nuës.

Les figues qui réüſſiſſent le mieux
dans les climats temperez ſont les *fi-*
gues blanches à petit grain , & la figue
violette ; la premiere a l'eau fort ſucrée & eſt trés fondante , elle a trés-
peu de pepins , & raporte en Eté &
en Automne ; l'autre eſt longue, aſſez
groſſe , charge beaucoup dans les
deux ſaiſons ; mais celles qui naiſſent
en Automne ne meuriſſent qu'à peine : au reſte en Eté elles ſont fort ſu-
crées.

Les figuiers ne ſe plantent qu'en
Mars ou en Avril à cauſe des gelées ,
dont ils ſont trés-ſuſceptibles , leur
bois étant fort moëlleux ; ce qui fait
qu'on les couvre pendant l'hyver, &
qu'on en met en caiſſes : en ce cas
il faut les bien arroſer quand ils ſont
en ſéve.

A la difference des arbres fruitiers, les figuiers ne veulent point

H ij

être gênez contre le mur ; ils demandent une grande liberté : on peut
attacher le corps des branches , &
laiſſer libres les jets qui donnent les
figues.

Le tems de mettre les figuiers dans
la Serre , eſt le mois de Novembre ;
on les y laiſſe ſans leur donner aucune culture , ſoignant ſeulement de
tenir le tout bien fermé. On peut
les en ſortir vers la mi-Mars , & même dés le commencement de ce
mois , ſi dés ce tems on commence
à avoir de beaux jours , & que la ſaiſon des grandes gelées paroiſſe en
quelque façon être paſſée.

Si-tôt qu'on a ſorti les figuiers
de la Serre , il faut avoir ſoin d'en
mettre les caiſſes à une bonne expoſition , & à couvert des vents
froids ; puis on leur donne à chacun
une bonne moüillure , de maniere
que toute la terre en ſoit pénétrée : il
en faut faire autant vers la mi-Avril,
les pluïes ordinaires du Printems ſu-
pléent aſſez aux autres arroſemens
qu'on leur pourroit donner.

Environ vers la mi-May, qui eſt
le tems qu'on n'a plus rien à craindre

du froid, on ôte les figuiers de l'abri
où on les avoit mis, & on les met un
peu au large pour être en plein air,
& le long de bonnes murailles, ou
dans un Jardin qui en soit environ-
né ; aprés cela on laisse pousser les
figuiers autant qu'ils peuvent, soignant aprés cela de leur donner les
autres soins qui leur conviennent, &
dans leur tems, comme la taille &
le pincement dont nous allons parler.

Taille des figuiers.

On commence à la fin de l'Hyver
ou à l'entrée du Printems à éplucher
le bois mort, & à ôter tous les drageons qui naissent du pied, si on ne
l'a pas fait en Automne ; c'est une
bonne maxime qu'il faut pratiquer
& n'y laisser que ceux qui peuvent y
paroître necessaires pour en garnir
les côtez : il faut empêcher que le
figuier ne monte haut en peu de
tems, comme on en voit ; & pour
cela, d'année en année on a soin de
n'y guéres laisser de grosses branches
nouvelles plus longues d'un pied
ou un pied & demi, ou deux pieds
tout au plus.

Il faut à la fin de Mars rompr
l'extrémité de chaque grosse branch
qui peut ne se trouver qu'enviro
d'un pied de longueur ; cette manier
de tailler ou de pincer les figuiers,
sert à faire fourcher plusieurs branches nouvelles ; au lieu que si on les
laissoit comme elles sont, elles mon-
teroient tout droit , & ne produi-
roient pas à beaucoup prés tant de
figues. Cette operation , outre cet
effet qu'elle produit, sert encore à
faire sortir plûtôt les figues, & à en
avancer la maturité.

Il faut aussi pincer au commencement de Juin les grosses branches qui
ont poussé depuis le Printems , en
vûë pareillement de les multiplier
comme on a dit, & pour les mêmes
raisons.

Si les années précédentes on a laissé
longues quelques grosses branches ,
qui dans leur tems ont été bonnes &
utiles , & que cependant elles mena-
cent de dégarnir l'arbre , il faut au
mois d'Avril & de May , s'il n'y a
point de fruits , les ravaller jusques
sur le vieux bois.

C'est des grosses branches de figuier

qu'il en faut attendre le fruit, à moins qu'elles ne foient de faux bois, ce qui fe connoît par les yeux plats & éloignez les uns des autres.

Dans les terroirs qui font chauds, les figues font toutes forties dés devant la fin de Mars, & les branches ont commencé à donner de beaux jets dés devant la fin d'Avril ; c'eft pourquoi les premieres figues y meuriffent dés la fin de Juin & au commencement de Juillet, & les fecondes dés le commencement de Septembre ; mais dans les païs qui font trop temperez, comme aux environs de Paris, les figues ne font bien forties qu'environ à la fin d'Avril, ou même vers la mi-May, & les nouvelles branches ne commencent guéres à pouffer qu'environ ce tems-là ; c'eft pourquoi les figues ne commencent auffi à y meurir qu'à la mi-Juillet ou à la fin, & les fecondes n'y meuriffent que vers la fin de Septembre.

Si on conferve quelques branches un peu foibles, il faut les tenir fort courtes, afin que ce qui naît en foit mieux nourri, & que les figues, s'il y en peut venir, y foient plus belles.

Il faut être bien plus foigneux à faire venir des figues de la premiere féve que de la feconde, il n'en naît toûjours que trop de celle-ci, parce que les figuiers qui font forts, font d'ordinaire pendant le Printems beaucoup de jets affez beaux, & comme chaque feüille produite devant la faint Jean doit communément une figue, foit pour l'Automne de l'année préfente, foit pour l'Eté de l'anné prochaine, il arrive qu'il y naît toûjours beaucoup plus de figues pour le mois de Septembre, où il n'y en meurit fouvent qu'un trés-petit nombre, les pluïes froides, qui font fréquentes & ordinaires en Automne, & les gelées blanches de la faifon les faifant prefque toutes perir.

CHAP.

CHAPITRE XI.

De la maniere de cultiver la vigne , tant pour faire du vin , que pour en garnir les Jardins fruitiers & potagers ; avec une lifte des bons raifins.

APrés avoir parlé déja dans cet Ouvrage de bien des chofes qui regardent le Jardinage , il eft bon de faire ici un petit traité de la vigne, cela ne pourra certainement qu'augmenter le plaifir du Lecteur qui fe plaît à l'agriculture.

Des terres propres à la vigne.

La terre qui convient lemieux à la vigne, felon quelques-uns , eft celle qui eft un peu forte , parce qu'elle y vient trés-bien, & y dure long-tems ; mais il feroit befoin que cette terre fût fituée fur des côteaux expofez au Midy ou bien au Levant : le vin qui en provient eft un bon vin

I

bourgeois, & qui eſt de garde, parce qu'on ne met preſques dans ces
ſortes de terres que du raiſin noir.

Le vin qui croît dans une terre
graſſe & humide, & en pleine campagne, eſt trés groſſier quelques années chaudes qui ſurviennent : le
raiſin qu'on plante dans les terres
pierreuſes, ſituées ſur des côteaux à
une expoſition favorable, meurit
toûjours trés bien, & y donne du
vin trés excelent.

Pour les terres ſituées ſur des côteaux expoſez au Couchant, elles ne
produiſent point de bon vin, car
leur fruit a toûjours beaucoup de
peine à meurir : pour les terres expoſées au Nord, il ne faut jamais
ſonger d'y planter de la vigne, ſi
ce n'eſt du raiſin pour faire du verjus.

Les terres ſablonneuſes ſont encore
propres pour y planter de la vigne,
principalement quand elles ſont bien
expoſées ; le vin blanc qu'on en tire
eſt excellent, le rouge n'y eſt pas ſi
bon.

De la maniere de multiplier la vigne.

La vigne ſe multiplie de croſſettes

ou chapons, comme on voudra dire,
de marcottes & de plans enracinez.
Pour avoir de bonnes crossettes, il
faut en taillant la vigne les prendre
fur les jets de la derniere année, &
non fur d'autres, & que ces farmens
aïent l'extrémité d'en bas du bois de
deux ans.

On ne doit jamais couper les croffettes fur la fouche, mais on y est
bien trompé quand on les achete de
gens qu'on ne connoît pas, & même
la plûpart des vignerons qui vous
les vendent, quoi que connus, ne
laiffent pas fouvent de vous en im-
pofer là deffus : on connoît qu'une
croffette est bonne, quand le dedans
du bois est d'un verd clair ; s'il est
d'un verd brun, c'est mauvais figne,
il ne faut point s'en charger.

Comment planter la vigne

Aprés avoir amaffé tout le plan
dont ont croit avoir befoin, on fe
difpofe à le faire planter ; voici
comment : on doit entendre ici les
vignes qui fe plantent dans la campagne.

On prend un cordeau, on le ten tout du long de long de la piece d terre qu'on veut mettre en vigne & on fait avec la pointe d'une pio-che ou autre inftrument, une raye d'un bout à l'autre, & enfuite une autre en continuant, jufqu'à ce que toute la terre foit tracée.

C'eft affez dans une terre legere & fablonneufe, de donner quatre pieds quatre poûces au plus de diftance en-tre elles ; mais dans une terre un peu forte, ces rayes doivent avoir en-tr'elles trois pieds & demi.

Ces rayes étant faites, on creufe tout le long un rayon d'un pied & demi en quarré, & autant de pro-fondeur, dont le côté droit a pour borne à droite ligne la moitié de la raye, le long de laquelle le rayon eft creufé.

Cela fait, on prend deux croffettes ou deux chevelées ou marcotes enra-cinées, on les pofe en biaifant dans le rayon à deux pieds l'une de l'autre puis on les couvre de terre, & on continuë ainfi jufqu'à ce que tout foit planté.

On plante encore la vigne au pas,

voici ce que c'eſt. Le Vigneron aprés
avoir tracé la terre où il veut planter
la vigne, & ne perdant point de vûë
la trace, creuſe d'abord un trou groſ-
ſierement, profond de ſeize à dix-
ſept poûces, qui ſe termine en ſe ré-
treciſſant dans le fond, & dont l'entaille du côté & le long de la raye
eſt taillée avec art ; ce trou fait, celui qui plante prend une croſſette
qu'il poſe en biaiſant dans le trou,
puis mettant le pied deſſus, il tire de
la terre deſſus, aprés quoi il porte
devant le pied qu'il avoit derriere ;
& creuſant enſuite un autre trou, il
y plante encore une autre croſſette
de la même maniere qu'on vient de
dire, & il continuë de planter ainſi
toute la piece de vigne.

On commence à planter la vigne
dés le commencement de Novembre, juſqu'au quinze ou vingtiéme
Avril : pour le tems il n'importe,
pourvû qu'il ne gele point trop fort :
il y en a dans les terres fortes qui ne
veulent commencer à y planter de
la vigne qu'à la fin de l'Hyver, mais
c'eſt un abus de ſe faire un ſcrupule
d'y planter plûtôt, ni de conſulter
pour cela la lune,　　　I iij.

Comment marcoter la vigne.

Il n'y a rien de plus aifé que de marcoter la vigne ; & pour y réüffir choififfiez un farment qui forte dire-ctement de la fouche, & avant que la vigne commence à pouffer, faites en terre un trou profond de treize à quatorze poûces, couchez-y votre farment fans le rompre, de maniere que la plus grande partie étant en-terrée, l'extrémité d'en haut en for-te de quatre à cinq poûces de lon-gueur feulement. Celle qui eft en terre & proche de la fouche, prend ainfi racine ; ce qui fe remarque par les bourgeons que pouffent le far-ment hors de terre ; pour lors on le fépare de la fouche en le coupant.

Il eft bon de ne fevrer cette mar-cote de fon tronc qu'au mois de Mars de l'année fuivante, pour lui faire pouffer au Printems du bois & du fruit ; mais fi on veut garnir une pla-ce vuide, on y fait des provins, qui font une efpece de marcotes, excep-té qu'on les laiffe en place ; & voici la maniere de provigner.

De la maniere de provigner.

On couche en terre un sep de vigne avec tous ses sarmens dans une fosse qu'on creuse environ d'un pied & demi de profondeur ; on les y range dans l'alignement des autres seps , & de maniere que la fosse étant remplie, il semble qu'on les y ait plantez au cordeau : il y va de l'adresse d'un bon Vigneron de bien provigner un sep de vigne sans le rompre en le couchant ; il faut que les branches qui sont couchées en terre en ressortent par leur extrémité environ d'un demi pied.

On en vient à cette operation quand on veut, comme on a dit , remplir un vuide, ou bien lorsqu'on a dessein de renouveller une vigne qui est vieille & sur son retour ; cela vaut mieux que de la faire arracher & la planter de crossettes , pourvû que le bois soit assez beau pour être provigné ; autrement quand il est chetif, il faut en arracher les seps.

Les deux ou trois premieres années que la vigne est plantée , il faut lui

donner quatre ou cinq labours par
an, & toûjours après quelques pluïes;
car autrement les méchantes herbes
lui nuiroient beaucoup.

Quand la vigne à deux ou trois
ans on commence à l'échalader,
c'est à-dire, à l'attacher à des échalas pour la soûtenir, puis à cinq ans
on la met en perche dans la Bourgogne : mais supposons ici une vigne
toute venuë, & à laquelle il faille
donner les façons ordinaires, on
commence d'abord par la taille ;
voici comment.

Taille de la Vigne.

On peut commencer à tailler la
vigne dés le mois de Fevrier ; & il y
a même des Vignerons qui font cette operation dés devant l'Hyver, si
vous en exceptez le sarment qu'ils
conservent, & qu'ils ne rognent
point ; hors cela ils retranchent de
dssus le sep tous les sarmens inutiles ; & ils appellent ce travail, *curer
en pied.*

Avant que de tailler la vigne, il
est bon d'abord de la déchausser un

peu quand le sep est trop bas en
terre, afin de couper certaines racines qui y sont cruës de l'année,
& qui absorbent inutilement la
séve.

Pour tailler la vigne comme il
faut, on examine la force du bois
de l'année qu'elle a poussé, & on
la taille alors plus ou moins court,
y laissant un ou deux sarmens, &
un courson ou recours en pied. On
appelle *courson* une branche de vigne taillée à trois ou quatre yeux
tout au plus ; c'est toûjours aux pieds
des seps que ces coursons naissent.

Il est bon de sçavoir que chaque
sarment de vigne de l'année quand
il est bon, donne au moins deux belles grapes, ce qui fait que quand
cela arrive l'année est abondante en
vin.

Quand donc on se dispose à tailler
la vigne, il faut en choisir les plus
beaux sarmens, & les tailler au quatriéme ou cinquiéme œil ; s'ils sont
chetifs, on ne leur laissera que deux
ou trois yeux, & on observera toûjours, comme on a dit, de laisser
aux pieds des seps du moins un cour-

fon; c'eft ce qui peut la reno uvel-
ler au cas que le fep vienne à manquer à la tête.

Quand on taille la vigne, il faut
toûjours au-deffus du dernier bourgeon laiffer du bois environ la largeur d'un doigt, autrement ce bourgeon pourroit être endommagé par
la ferpette, & obferver de faire l'entaille du côté qui lui eft oppofé,
crainte que la féve qui découle de
cette entaille ne noye le bourgeon.

Le jet vigoureux d'un raifin noir
forti de la fouche l'année précédente. ne doit être regardé que comme
faux bois, & on ne doit le tailler
que dans la vûë qu'il ne donnera pas
bien du fruit l'année même de la
taille, mais feulement la fuivante; il n'y a que le raifin blanc qui ait
cet avantage.

Toutes petites branches en fait
de vigne, feront abfolument retranchées comme inutiles; il faut bien
ôter toutes celles qui naiffent en
pied, & n'y laiffer qu'un ou deux
courfons felon la force du fep: voilà à peu de chofe prés, ce qu'on
peut obferver à l'égard de la taille de

a vigne pour faire le vin. Nous
avons encore quelques raisins curieux qu'on plante dans les Jardins,
& fur lefquels il y a encore quelque chofe à remarquer à l'égard de
la taille, & d'autres particularitez
que voici.

Le mufcat ne vient jamais bon en
treille trop élevée, il eft toûjours
ferré menu & molaffe ; il ne faut pas
auffi qu'il foit trop prés de terre, ou
que l'eau des égoûts puiffe jaillir deffus. On charge plus les raifins qui
font dans les Jardins que ceux qu'on
plante dans les champs, parce qu'é-
tant ordinairement dans une terre
plus fubftantielle, ils y pouffent avec
plus de vigueur, & par conféquent
il faut leur laiffer plus de branches,
taillées auffi plus longues : au refte,
l'expérience & la pratique d'un Vigneron ou d'un Jardinier lui appren-
nent aifément ce qu'il faut qu'il faffe
là-deffus.

Autre travaux pour la vigne, aprés
qu'elle eft taillée:

Il y a des païs où on l'échalade da-

bord & d'autres où on attend qu'ell
ait pouffé de nouveaux jets & affez
grands pour les y pouvoir attacher :
dans le premiers cas , on y fiche
donc les échalas , puis on y met des
perches de travers , fur lefquelles on
baiffe la vigne ; c'eft-à-dire , on cour-
be deffus le farment taillé , & on
l'y attache avec un petit ofier ; enfuite on donne à la vigne le premier labour , qu'on appelle *fombrer*
en quelques païs,& en d'autres *houer*;
& aprés ce premier labour donné ,
on laiffe la vigne pouffer comme il
plaît à la nature.

Quand elle a bien pouffé , c'eft-à-
dire , environ vers la mi-May, on
commence à *l'ebourgeonner* ; c'eft-à-
dire , à ôter l s nouveaux jets qu'on
trouve fuperflus,& qui ne pouroient
qu'y caufer de la confufion. Ce travail fe f it avec la main , en abattant
du poûce ces farmens inutiles : cet
ébourgeonnement eft tré-neceffaire,
c'eft de lui que dépend la beauté &
la bo té d'un raifin.

Environ vers la mi-Juin on acole
la vigne , obfe vant en faifant cet
ouvrage, que les feps foient bien

ébourgeonnez, & de rogner l'extrémité des farmens qu'on a laiffé, &
qu'on attache en botte à l'échalas
avec de la grande paille, ou du *gluis*,
comme on l'appelle en certains païs,
ou bien avec du jonc.

Aprés le premier labour on lui
donne le deuxiéme, ce qui fe fait
au mois de Juin, & cela s'appelle
biner la vigne ; puis on la tierce un
mois ou fix femaines aprés, qui eft
le troifiéme labour qu'on lui donne. Il y a des païs dans des terres
fortes où on donne à la vigne jufqu'à quatre labours, & le dernier
toûjours quand le raifin eft plus
d'amoitié meur ; c'eft ce qui acheve
de le nourrir, de le groffir & de lui
donner du relief, avec la chaleur
qui en cuit le fuc.

Quand il y a quatre ou cin ans que
les vignes font plantées, il eft bon
de les fumer, ce qui fe fait en creu-
fant au pied de chaque fep un petit
trou large comme la forme d'un chapeau, & profond d'un demi pied,
puis on y met du fumier qu'on couvre aprés de terre ; cela donne de la
vigueur à la vigne, & lui fait par

conséquent jetter de beau bois.

Quand les vignes languissent, soi
de vieillesse ou a. trement, il fau
les terrer pour les rendre fertiles
c'est-à-dire, prendre de la terre hor
de la vigne & la porter à la hoté
aux pieds des seps, & cette terr
mise ainsi la fait pousser avec vi
gueur. On peut faire ce travail depuis le mois de Septembre jusqu'à la
fin de Janvier, supposé que le tems
le permette ; car quand la terre est
trop humide, il faut bien se donner
de garde d'entrer dans les vignes.

On fume aussi les vignes avec
les fumiers qu'on a & qu'on juge
qui leur sont propres, soit fumier
de Mouton, de Vache, de Cheval,
consommé dans une basse court, de
curures de Mare, ou de fossez, ou
bien des bouës des ruës des villes, &
des grands chemins de la campagne,
qui soient bien égoutées & bien hy-
vernées.

Ceux qui veulent avoir de beaux
raisins, qui soient bons & hâtifs, ils
les plantent au Midy contre un mur,
pour en faire une maniere d'espalier. Il y en a qui disent que pour

avoir de bons muscats il ne faut pas
les fumer ; & on observera de mettre plûtôt à l’exposition du Levant
les raisins étrangers qui ont peine à
meurir en notre climat, qu’au Midy qui les noircit au lieu d’ les
bien meurir. Il faut pour bien faire
les tailler à la saint Martin, aussi tôt
que le fruit est cueil’. Mais aprés
avoir donne des préceptes sur la
culture de la vigne en général, voïons
un peu quels sont les raisins qui méritent être cultivez, tant pour faire
le vin, que pour manger.

Liste des bons raisins.

Nous commencerons par le *raisin
précoce*, autrement dit, *morillon hâtif*,
il faut en avoir quelques pieds pour
en manger des premiers.

Le *morillon noir*, autrement appellé
pineau, & à Orleans, *auverna*, est le
raisin qui fait le meilleur vin.

Le *morillon blanc* s’appelle aussi *pin-
ceau blanc*, il fait d’aussi bon vin que
le premier.

L’*aciouta*, don les feüilles ressemblent à celle du persil, est un raisin

noir, & dont les grains font fort
écartez l'un de l'autre ; il charge affez
& est fujet à couler.

Le *chaffelas blanc* est un gros raifin
fort excellent, foit à manger ou à garder long-tems, & à fecher.

Le *chaffelas noir* est plus rare & plus
curieux.

Le *mufcat blanc* est excellent à manger, à faire confiture, à faire fecher
au four & au Soleil.

La *malvoifie* est une efpece de mufcat qui est trés-excellent.

Le *raifin de Corinthe* est violet &
fans pepins, fort fujet à couler,
c'est pourquoi il veut être taillé long.

Le *raifin fans pepins*, est une efpece
de chaffelas, dont le grain est moins
gros, il est excellent à mettre au
four.

Le *Jennetin* est un raifin blanc,
qu'on appelle autrement *mufcat d'Orleans*, & qui est trés-fucré.

Le *baunier* est un raifin tirant fur le
gouais, mais beaucoup meilleur à
faire du vin qu'à manger : on l'apelle
autrement *fervénien*.

Le *raifin damas* est de deux fortes, le
blanc & le rouge, fon grain est fort
gros,

gros, il n'a qu'un pepin, il coule
souvent, c'est pourquoi on le taille
long.

Le *melié blanc*, est un raisin excellent pour faire du vin & pour manger, il charge beaucoup & se garde
affez long tems.

Le *nelié noir* n'est pas si bon, tant
en vin que pour manger.

Le *melié vert* est un raisin blanc qui
ne coule point, & qui charge beaucoup; on l'appelle *plant vert* en des
endroits, jamais le vin qui en sort ne
jaunit.

Le *Bourguignon* est un raisin noir
affez gros, meilleur à faire du vin
qu'à manger; on l'appelle *reffeau* en
Bourgogne.

Le *sammoireau*, autrement dit *quille-
de-coq*, est un raisin dont le grain est
trés-gros, affez bon à manger.

Le *Bourdelais*, appellé autrement
gray, est un raisin propre à confire,
& dont on fait du verjus, on l'appelle
engregeoir.

Le *noirant*, ou raisin d'Orleans,
autrement appellé *teint*, parce que le
vin qui en sort sert à teindre du vin;
il y a beaucoup de ce plant à Orleans,

Le *farineau*, autrement dit *rognon-de-cocq*, eft un raifin appellé ainfi, parce que fa feüille eft blanchâtre en deffous ; on en trouv e aucoup dans les vignes.

CHAPITRE XII.

Traité de plufieurs arbres, arbuftes & arbriffeaux, avec des inftru-Étions pour les élever.

DES MEURIERS.

LEs meuriers font rares dans les pepinieres , parce qu'on n'en fait point ordinairement de grands plans, ils font pourtant trés-utiles & néceffaires tant à la Ville qu'à la Campagne ; leur fruit eft agréable à manger , on s'en fert pour faire du fyrop pour les maux de gorge , il eft de longue durée. Cet arbre fe plante pour l'ordinaire dans les cours ou baffes cours , & jamais dans les Jardins : il y a le *Meurier rouge* & le *blanc*. L'ufage de celui-cy eft pour faire des

berceaux & des allées dans les Jardins qui font f rt agréab'e : il y a
des pais où on fe fert des feüilles pour
la nourriture des vers à foye

Ces meuriers fe greffent tous deux
fur l'orme en écuffon, ou fur le tilleul : on eftime mieux le dernier fu-
j-t que l'autre, qui par les boutures
qu'il jette de toutes parts, nourrit
moins fon fruit.

Il y en a qui greffent le meurier
rouge fur le blanc ; mais comme l'un
eft auffi rare que l'autre, on a recours plûtôt au fujet don on vient
de parler qu'à ces derniers ; quand
les meuriers font greffez, on les cultive en pepiniere comme les autres
arbres.

Des Nefl'ers.

Il y en a de trois fortes, fçavoir le
neflier à feüilles larges, & à fruit gros,
le *neflier à petit fruit & fec, & le ne-*
flier a fruit fans noyau ; le premier eft
celui qui fe voit le plus communément dans les Jardins, il n'y a guéres
de maifons de Campagne qui n'en
foit fournie.

Toutes ces efpeces fe peuvent gref-
K ij

fer heureuement fur l'épine blanche , ou fur l. franc poirier. Les terroir humides & froids leur conviennent mieux que pas un autre ; on les
greffe en écuffon ou en fente , fi les
fujers font affez gros , & qu'ils foient
jeunes.

Des Rôfiers mufquez.

Ces rofiers s'écuffonnent fur l'é-
glantier, & font trés faciles à gouverner ; puifqu'il n'y a qu'à les décharger du bois mort , & arrêter
les jeunes jets qui s'emportent trop ,
pour faire que les autres profitent davantage : ils fe multiplient auffi de
Marcottes & de *Boutures* les couchant
dans quelque endroit ombragé ,
pour leur faire prendre plûtôt chevelu. On les taille tous les ans en
Automne ou au Printems à un demi-
pied prés de terre ; il faut les couvrir de long fumier pendant l'Hyver , crainte qu'ils ne gelent, & au
Printems on leur donne un leger
labour lorfqu'on les découvre ;
quand les fleurs commencent à paroître , s'il y a des jets qui n'en ayent
point , on les taille à un pied & demi

de bas , & chaque œil donne une branche qui produit bien des fleurs en Automne.

De plusieurs autres sortes de roses.

Nous avons la *rose odorante* , & celle qui est sans odeur ; la rose *d'Hollande à cent feüilles* , & plusieurs autres : tous les rosiers veulent beaucoup de Soleil, & une terre à potager ; on les plante aprés la Toussaints & au Printems , & on les taille au mois de Mars , leur coupant le bois superflu & celui qui est mort.

De la rose de tous les mois.

Il faut l'exposer en bel air & en plein Soleil, & la mettre dans une terre à potager ; & quand cet arbrisseau a donné ses premieres fleurs , on taille les branches au nœud & audessous où etoient ses fleurs ; c'est par ce moyen qu'on en a pendant huit mois, au lieu que si on manque à les soigner comme on a dit, ils ne portent qu'une fois l'an comme les autres.

Il faut au mois de Novembre l
tailler prés de terre, les branche
qui pousseront nouvellement donn-
ront des fleurs avec plus de force ;
en ce même tems, on déchausse l
pied de ces rosiers, on y remet un
nouvelle terre, & on les arrose quan
ils en ont besoin ; & quand ils commencent à fleurir, il en faut cueillir
tous les boutons avant qu'ils s'ouvrent, cela leur fait produire tout
l'Eté une plus grande quantité de
fleurs.

De la rose d'Hollande à cent feüilles.

Ce rosier veut une terre un peu
forte, un lieu frais & peu de Soleil ;
on les taille au mois de Mars, ce qui
se fait en coupant les extrémitez qui
sont séches : les rosiers peuvent donner des fleurs en Automne, si on les
taille au Printems à un pied & demi
prés de terre ; on peut, si on veut,
planter de ces rosiers au pied de quelque arbre de haute tige, & les faire
monter dessus.

De la rose jaune double.

Elle ne veut être exposée qu'à un

Soleil mediocre, fans êtie contrainte contre un efpalier ; fa taille fe fait en coupant le bout de fes branches qui font féches ; il faut la garantir des grandes pluïes qui en pourriffent les fleurs avant qu'elles foient épanoüies : pour faire que ce rofier donne de plus belles fleurs & qu'elles n'avortent point, on en ôte une bonne partie avant qu'elles s'ouvrent ; & pour avoir tous les ans de ces rofes, il faut aprés qu'elles font paffées en tailler court les branches.

Des rofiers panachez.

Ces rofiers font des arbriffeaux qui font nains, c'eft pourquoi on en met en pot ou en caiffe de même qu'en pleine terre : ils fe greffent en écuffon fur des rofiers communs, & ces greffes rapportent dés l'année fuivante, s'ils ne font écuffonnez qu'à œil dormant au mois d'Août ; mais fi on les écuffonne à œil pouffant aprés la faint Jean, ils donnent des fleurs en Automne : c'eft pourquoi il vaut mieux les avoir par cette voye que de plan enracinez.

De la rose de Gueldre.

Cette plante veut peu de Soleil
un terroir humide & fort ; on taill
ces rosiers au mois de Mars, ce qui
se fait en ôtant seulement ce qui est
sec.

Des *Myrtes.*

Les *Myrtes* se marcotent, & le veritable tems, c'est toûjours un peu
auparavant la séve d'Août.

Pour y réüssir, on fend le bois
qu'on met en terre, à l'endroit d'un
nœud, jusqu'à la moitié de la grosseur de la branche & environ trois
ou quatre doigts de longueur : En six
semaines ils jettent un chevelu suffi-
sant pour les sevrer & transplanter ;
ils repoussent aussi du pied de petits
rameaux qu'on separe de la mere
branche, & qui font merveille après.

Des *Lauriers-Roses.*

Ils se gouvernent de même que les
Myrtes : il y en a de deux sortes, le
blanc, & l'incarnat ; c'est par le moyen
des

des Marcotes qu'ils se multiplient, & c'est au mois de Juillet que cela se pratique : il n'y a que les caisses & les grands vases de fayence qui sont propres pour les contenir ; on ne taille point cet arbrisseau.

Des Lauriers-Cerises.

Les Lauriers-Cerises se peuvent mettre en palissade si on veut, & passer l'Hyver en pleine terre sans danger ; ils se cultivent comme les Lauriers communs, & de racines éclatées du pied : on ne les met qu'en pleine terre & contre un mur, & sous cette forme ils produisent un effet merveilleux ; ils aiment les lieux ombragez, quoiqu'ils ne réüssissent pas moins au grand Soleil.

Des Lauriers communs.

On se sert de balaustes, (c'est le nom de leur graine) pour les multiplier, on les seme pour cela en caisses ou en pots, & dés la premiere ou seconde année ils peuvent être replantez, pourvû qu'on ait eu la

L

précaution de les mettre en une terr
moitié terreau , & moitié terre fran
che , & qu'on ne les ait point laiss
manquer d'eau.

Si on les place fous quelque égou
de toits à couver du Soleil du midi
ils viendront beaux à merveille : i
eſt bon pendant les gelées de les cou
vrir de paille pour les en garantir en
étant fort fuſceptibles.

Du Philirea ou Alaterne.

On en ſeme avant l'Hyver la graine en caiſſes ou en pots qu'on porte
dans la ferre, où cette graine germe
mieux, & donne de plus beaux jets
que ſi elle n'étoit ſemée qu'au Printems : il faut avant cela la faire
tremper dans l'eau deux fois vingt-
quatre heures.

Quand ils ont ſeulement demi pied
de haut , on les peut replanter , ils
ſouffrent qu'on les tonde ſans que
cela leur cauſe aucun préjudice. On
en dreſſe des berceaux & on en fait
des palliſſades qui donnent beaucoup
d'agrément à un Jardin , quand elles
ſont bien conduites.

Du Genêt blanc.

Il veut peu de Soleil, & une terre à potager ; il faut l arroser dans les grandes chaleurs. Cet arbrisseau se multiplie de graine qu'on seme une ou deux dans un pot ; si elles réüssissent toutes deux, on en prend un pied qu'on met dans un autre pot.

Quand on seme le genêt, il faut en faire tremper la graine pendant une nuit, afin qu'elle germe plûtôt ; on doit aussi la mêler souvent, & avoir soin de l'exposer au grand chaud pour la faire lever. Il y a aussi le genêt à fleur jaune, qui se cultive de même.

Des Jasmins de toutes sortes.

Nous avons plusieurs especes de Jasmins, sçavoir le *Jasmin commun,* c'est par sa culture que nous commencerons.

Du Jasmin commun.

Cet arbrisseau veut une terre à

potager ; il se multiplie de deux manieres , sçavoir de marcotes & de
boutures : & pour le marcoter ,
choisissez-en les branches les moins
hautes , faites aprés une *petite rigole*
en terre proche de l'endroit d'où sortent ces branches , couchez les dedans , couvrez les aprés de terre,
de maniere que l'extrémité en soit à
la hauteur de quatre doigts , ensuite
arrosez-les , & les laissez en cet état
pendant six mois pour leur faire
prendre racine.

C'est au mois de Mars qu'on mar-
cote les Jasmins , & lorsqu'en Septembre ils ont pris racine , on les
leve pour les planter , soit en espalier
ou en pot.

Pour multiplier les Jasmins de boutures , on coupe des branches les
plus nouvelles de la longueur d'un
demi pied , on les fiche en terre à
quatre doigts de profondeur dans
des pots ou dans des baquets remplis d'une terre moitié terre à potager , & moitié terreau ; il faut un
peu presser la terre contre ces plans,
les arroser , & les mettre à l'ombre
pendant sept ou huit jours , puis les

expofer à un Soleil mediocre pendant quinze jours, puis au midi jufqu'au mois d'Octobre.

C'eft au mois de Mars qu'on fait ce travail, & au mois de Septembre fuivant, ou au Printems qu'on leve les boutures fi elles font enracinées; ce qui fe remarque aifément par la pouffe qu'ont fait les branches reprifes; on fait de ces Jafmins des efpaliers qui font fort agréables, on peut auffi en couvrir des Berceaux.

Du Jafmin d'Efpagne.

Le Jafmin d'Efpagne fe greffe en fente, & pour y réüffir, il faut fix mois avant que de le greffer, planter des Jafmins communs dans des pots qu'on tire des marcotes qu'on a faites ou des boutures bien enracinées; c'eft au mois d'Octobre qu'on les plante, & pour bien faire il faut les choifir bien unies, & quand ces plans font bien repris, on les coupe proche du dernier œil d'en bas.

Enfuite fendez votre fuict par la moitié d'environ deux doigts de profondeur ; cela fait, prenez une bran-

che de Jasmin d'Espagne , coupez-
la de la longueur d'un doigt , taillez-
la par le bas en forme d'un coin à fendre du bois , inserez-la au milieu de
votre sujet environ un poûce liez-le
avec de la filasse, couvrez cette greffe
d'un petit morceau de cire.

Ensuite laissez - la pousser comme il plaira à la nature ; soignez
de tems en tems de l'arroser ; il lui
faut une terre moitié terre à potager,
& moitié terreau.

Cet arbrisseau se met en pot ou en
caisse , afin de le pouvoir garantir du
froid , dont il est très-susceptible ,
par le transport qu'il est aisé d'en
faire alors dans une serre , ou quelqu'autre endroit où il ne puisse pas
geler.

Le Jasmin d'Espagne se taille en
tête d'osier , c'est-à-dire, qu'on rogne chaque branche à un œil prés
de l'endroit d'où elle sort ; il faut
rencaisser ces Jasmins tous les deux
ans pour bien faire, ils en deviennent
plus beaux.

L'exposition qui convient le mieux
au Jasmin d'Espagne, est celle du Midy & du Levant , il faut l'arroser
souvent.

Outre la maniere de multiplier le
afmin d'Efpagne comme on a dit,
n l'écuffonne encore à œil pouffant,
u mois de Juin ou de Juillet ; mais
ette derniere voye n'étant pas la
lus fûre, on ne la met auffi guéres en
fage.

Du Jafmin de Catalogne.

Ce Jafmin a les fleurs plus compo-
ées que le précédent, & il fe cul-
ive de même.

Du Jafmin d'Arabie.

Il faut le mettre dans une terre
ompofée de deux tiers de terre à
otager & d'un tiers de terreau de
ouche bien confommé ; on l'éleve
n pot ou en caiffe ; il faut qu'on
'arrofe amplement, & qu'on l'ex-
ofe au Levant ; il craint le froid,
'eft pourquoi on le porte en Hyver
ans la ferre.

Cet arbriffeau fe greffe fur le Jaf_
nin commun, & pour le tailler dans
es regles, il y en a qui tous les ans
e rognent à quatre doigts ; d'autres
ui n'en coupent que l'extrémité des

branches : ceux-ci fe contentent d'en
ôter le bois qui y naît confufément,
fas rien retrancher d'ailleurs ; &
ceux là ravalent le jeune bois jufques
fur le vieux ; mais de toutes ces tail-
les diffé entes, voici celle qu'on eftime le plus.

Il faut les deux premieres années
que le Jafmin d'Arabie a été greffé,
le tailler jufqu'au dernier œil, & le
tenir fort à l'étroit ; & lorfque les
nouvelles branches font crûes à la
hauteur de trois ou quatre doigts,
on les taille comme le Jafmin d'Efpagne, afin que la troifiéme année
il forme comme une efpece d'Arbriffeau.

La taille qui lui convient demande encore qu'on ôte entierement toutes les branches chifonnes qui y
croiffent, les tortuës & les féches ;
& outre cela il faut auffi retrancher
du pied certaines branches qui en
fortent, & qui ne font propres qu'à
confommer la féve.

Du Jafmin d'Amerique.

C'eft une plante quif e féme an-

nuellement , & pour la faire germer
bien-tôt on la fait tremper dans l'eau
pendant cinq ou six heures , puis on
la met au Soleil , & on l'y laisse jusqu'à ce qu'elle se gonfle.

On l'éleve en pots dans une terre
composée moitié terreau , & moitié
terre à potager. Quand ce Jasmin
est levé il faut l'exposer au Soleil , &
l'arroser souvent : on seme cette
plante au mois de May ou dans celui
de Juin.

Et comme le Jasmin d'Amerique
jette des tiges fort hautes & trés-foi-
bles , il faut l'appuïer à des baguettes de Coudrier , longues de trois
pieds , & y attacher les rameaux ; &
lorsque les branches excedent les ap-
puis , il faut en couper l'extrémité.

Pour ramasser la graine de ce Jasmin , on attend qu'elle soit séche ;
parce que se dérobant à la vûë à cause de sa petitesse , on est en danger
d'en perdre beaucoup , & reste ainsi
en terre trois ou quatre ans sans lever.

Du Jasmin des Indes.

Il se cultive comme le précédent,

excepté qu'il faut le femer contr
un mur expofé au midy, & quand i
a crû affez haut, on le paliffe le lon
d'un treillage, ce qui forme une pa.
liffade fort agréable. Il faut fouvent
arrofer cette plante depuis le commencement du Printems jufqu'à la
fin de l'Eté.

Outre la maniere de multiplier le
Jafmin des Indes, & dont on vient
de parler, voici une autre voye qui
eft bien plus courte, & qui fe pratique par les boutures en cette maniere.

Il faut dés que le Printems eft venu, & avant que les boutons de
cette plante viennent à fe gonfler,
en couper un brin qui ait trois yeux
dans fa longueur; aprés cela fendez-
le un peu par le gros bout, fichez-le
en terre jufqu'au deuxiéme œil, foi-
gnez aprés cela de l'arrofer fouvent;
& fi elle eft bien expofée au Soleil,
on peut efperer que cette plante réüf-
fira trés-bien.

Du Jafmin jaune commun.

On l'appelle autrement *jafmin jon-*

quille, il fe cultive de même que le Jafmin commun. *Voyez la page 123.*

Du Laurier-Thim.

Cet arbriffeau fe multiplie de marcotes comme les Lauriers-Rofes ; mais il faut pour cela qu'il foit en pleine terre, car il eft alors plus aifé à marcoter.

Et comme la tige la plus haute que peuvent acquerir les Lauriers-thims fait leur mérite particulier , auffi faut-il avant que de les planter la leur faire prendre.

Ils veulent être arrofez fouvent, & viennent trés-bien à toutes expofitions, ils ne craignent que les gros froids, & pendant l'Hyver même ils fleuriffent dans la ferre, ce qui fait qu'on les recherche : ils font un fort bel effet dans les parterres, fur les terraffes , & fur tout dans un tems où il n'y a point d'arbriffeau en fleur.

Du Syringa.

Cet arbriffeau étoit autrefois plus à la mode qu'il n'eft pas , on en formoit des buiſſons dans des plates-bandes de parterres ; il veut une terre ſubſtantielle, & les lieux ombragez.

Si on ſouhaite que le Syringa donne beaucoup de fleurs & de bois, il faut le labourer ſouvent ; il vient de boutures & de plans enracinez : dans le premier cas, il faut que les petites branches ayent du vieux bois à leur extrémité d'en bas, & les ficher en terre dans des endroits à l'ombre : pour le plan avec racines, on le tire du pied aprés y avoir fait un cerne.

Et pour maintenir toûjours le Syringa en bon état, on en ôte tout le bois mort & celui qui paroît uſé.

Du Romarin.

Cet arbriſſeau eſt aujourd'hui aſſez en uſage, il veut une terre legere ; on le cultive en pleine terre ou en caiſſe, il ſe multiplie de marcotes qu'on couche en terre comme les Lauriers-roſes ; c'eſt au mois de May que cela ſe fait, & on le leve au mois d'Octobre.

A meſure que cet arbriſſeau monte,

il faut lui faire acquerir une tige
haute d'un pied & demi, il faut l'arroſer ſouvent quand il eſt en caiſſe
ou en pot.

Des Lilacs.

Il y en a de deux ſortes, ſçavoir
le *Lilac ordinaire*, & le *Lilac de perſe* :
Le premier croît en toutes ſortes de
terres, & ſe multiplie de drageons
& de marcotes comme les autres
arbuſtes. On forme des allées de
lilac, on en fait des cabinets ou des
buiſſons lorſqu'il eſt mis en platte-
bande ; on le laiſſe venir auſſi en
arbre de tige : on en met en caiſſe :
ſous le lilac ordinaire il y a le *violet* &
le *blanc* ; celui-ci eſt plus rare.

Lilac de perſe.

Cet arbriſſeau ne ſe multiplie que
de marcotes ; on en mettoit autrefois en buiſſon dans des plattes-bandes des Jardins ; il ne croît pas
fort haut ni fort étendu, ſa fleur
eſt plus petite que celle du lilac ordinaire.

De l'Alaterne.

C'est une espece de Phylaria, &
qui s'éleve de même ; on le met en
buisson dans des plates-bandes des
parterres : cet arbrisseau s'éleve aussi
en caisse dans une terre composée
d'un tiers de terre à potager, & un
tiers de terreau de couche.

De l'If.

L'If vient de semence ; c'est au
mois de Septembre qu'on le seme en
terre bien meuble & sur planche : il
y en a qui avant que de semer cet
arbrisseau, en font tremper la graine
dans l'eau, & qui l'y laissent jusqu'à
ce qu'elle se gonfle ; elle en germe
bien plûtôt que lorsqu'on la seme
sans cette précaution.

Lorsque les Ifs sont levez il faut
les arroser de tems en tems pendant
les grandes chaleurs, & soigner d'en
ôter les mauvaises herbes qui leur
nuisent ; & quand ces jeunes plans
ont crû assez pour être transplantez
ailleurs, on en fait une espece de

pepiniere où on les plante à deux
pieds l'un de l'autre ; il faut y donner de frequens labours , & les y
arrofer fouvent.

L'If eft un des plus beaux arbriffeaux qu'on puiffe employer dans les
Jardins : on lui donne telle forme
qu'on veut à l'aide des cizeaux ; il
a le bois fort dur, le feuillage garni ,
& d'un verd foncé trés-agréable : on
l'employe pour les paliffades , on le
met dans les plates-bandes de parterres ; mais aujourd'huy on les y
plante de la hauteur feulement de
deux pieds , & on les y laiffe croître
à trois pieds de hauteur tout au plus.

Du Picea.

Cet arbriffeau s'éleve & fe cultive
de même que l'If, auquel il a affez
de rapport tant par fon bois que par
fa feüille ; il eft vray qu'il s'éleve
plus haut, mais auffi il ne devient
pas fi garni ; il n'eft propre que dans
les grandes allées , où on le place
entre les arbres ifolez.

Ce n'eft pas qu'aujourd'huy on ne
s'en fert plus gueres , à caufe qu'il eft

sujet à se dégarnir par le bas ; il produit de la graine qui germe bien plûtôt que celle de l'If.

CHAPITRE XIII.

De plusieurs autres arbres & ar-
brisseaux servans à l'embellisse-
ment des Jardins, & pour le
profit de la maison.

DE L'ORME.

CEt arbre vient de semence, c'est
un trés-bel arbre, il vient droit
& trés-haut , & a le feüillage petit ,
mais fort touffu ; il est des plus à la
mode dans les Jardins , on en forme
des allées & des bosquets ; il est vray
qu'il est fort sujet à la chenille & aux
vers.

Outre que l'Orme sert d'ornement
dans les Jardins , il est encore d'un
grand usage dans le charonage , il
croît bien plus vîte que le Chêne.

Il y a une autre espece d'Orme
appellée

appellée *Orme femelle*, il a la feüille
plus large que le premier, & est fort
recherché pour les belles allées : on
nomme encore cet arbre *Ypreau*, à
cause qu'il vient originairement des
environs de la Ville d'Ypres.

Cet arbre croît fort droit, il a l'é-
corce claire & fort unie ; il croît vîte, c'est pourquoi on le recherche
pour les Jardins d'ornement ; il
vient de graine & de boutures.

Du Charme.

Le Charme est un arbre qui ressemble au Hêtre par son bois, son
écorce & sa feüille ; il en vient beaucoup dans les Forêts : son bois est
dur & s'employe pour bien des ouvrages. Quand le Charme est jeune
les Jardiniers l'appellent *Charmille.*
Il y a de la Charmille de grain, &
de la Charmille de souche ; la premiere est beaucoup plus estimée, elle
se seme en pepiniere, & l'autre se
prend dans les grands bois.

La meilleure Charmille est celle
qui est la plus enracinée, au lieu que
celle qui n'a que du chevelu ne croît

M

pas fi bien. On l'achete de differentes grandeurs , c'eft à-dire, depuis
un pied de haut jufqu'à dix & douze,
dont on fait de trés belles paliffades,
& on forme des bofquets & des bois;
on plante la Charmille toute de fa
hauteur fans en rien rogner , c'eft ce
quifait qu'en peu de tems on joüit de
trés-belles paliffades toutes dreffées.

De l'Erable.

Cet arbre eft encore trés beau pour
former des allées & des bofquets ; &
ce qu'il a de particulier, c'eft qu'il
vient à l'ombre & aux pieds des
grands arbres.

L'Erable eft à préfent fort à la mode , il vient de graine qu'on feme en
pepiniere , & qui leve trés vîte ; on
le plante comme la Charmille, c'eft-
à-dire, depuis un pied jufqu'à dix ou
douze de hauteur fans le rogner.

Il croît naturellement affez haut,
mais un peu tortu ; fon bois eft fort
dur & veineux , on l'employe pour
faire des meubles & des Inftrumens
de mufique.

Du Châtaignier.

Cet arbre vient de semence comme l'Amandier. *Voyez l'article.* On
l'estime beaucoup par rapport à son
revenu ; il vient droit , haut , mais
il ne se plaît que dans les terres sablonneuses.

On l'employe plus volontiers à
planter des bois qu'à en former des
allées , si vous en exeptez la campagne , où l'on en peut faire de grandes avenuës ; son bois est blanc & se
plie aisément , il est fort en usage
dans les bâtimens , on s'en sert pour
faire des cerceaux quand il est jeune ,
& son fruit quand il donne , est d'un
grand revenu dans les païs où l'on en
plante beaucoup ; on en mange
quantité , & il y a même des païs
où l'on en fait du pain.

Cet arbre est d'assez longue durée ,
& n'est sujet à aucune vermine.

Du Tilleul.

On appelle differemment cet arbre , les uns le nomment *Tilleul* , les

autres *Tilleau* ou *Tillot* ; il eſt des pl
à la mode aujourd'hui , on en plan
des allées & des boſqu ts ; il vier
droit & aſſez haut , il forme une be
le tête , & a l'écorce unie & aſſe
droite.

Cet arbre donne en Eté des fl ur.
qui ſont aſſez odoriferantes ; on n
fait guéres cas de ſon bois pour les
ouvrages , on fait des cordes à
puits de ſon écorce. Il y a une eſpece
de T lleu! appellé *Tilleul d'Hollande* ,
dont la feüille eſt plus large que celle
de la précédente ; il vient de graine ,
& plûtôt encore de marcotes.

Du Maronier d'Inde.

On appelle ainſi cet arbre , parce
qu'il vient d'origine des Indes , d'où
on a apporté des marons en France ,
& qui y ont trés-bien réüſſi. C'eſt
un des plus beaux arbres dont on
puiſſe embellir un Jardin d'ornement ; il croît droit, il a l'écorce
unie, la tête ronde pour ainſi dire,
& un trés-beau feüillage ; ſes fleurs
viennent en grape , & ſont trés belles, ce qui le fait rechercher en partie.

Il n'eſt propre qu'à former des al'ées, s'élevant aſſez haut pour cela, il a le bois tendre & caſſant, de maniere qu'il n'eſt bon à rien, & même pas à brûler, ne faiſant que noircir dans le feu ſans s'allumer.

De l'Acacia.

L'Acacia eſt un arbre qui nous vient de l'Amerique, il croît mediocrement haut, & a été autrefois fort à la mode pour les allées ; mais aujourd'huy on en eſt revenu, parce qu'il ne forme pas une tête aſſez belle, ni un ombrage aſſez agréable ; il n'y a que ſa fleur qui eſt de bonne odeur, mais elle dure peu.

Cet arbre a le bois dur & raboteux, & ſes branches garnies de piquants ; on s'en ſert chez les Tourneurs pour faire des chaiſes, voilà tout à quoi il peut être propre : l'Acacia vient de ſemence, & ſe cultive de même que le Maronnier d'Inde.

De l'Epine blanche.

On l'appelle autrement *Aubépine.*

C'eſt un arbriſſeau fort agréable tant par ſes fleurs qui rendent une odeur trés-douce, que parce qu'on peut en former quelques paliſſades de trois ou quatre pieds de haut, & qu'on en fait des hayes vertes qui ſont trés belles.

L'Epine blanche croît aiſément, ſes feüilles ſont dentelées & d'un fort beau verd, mais trés-ſujette aux chenilles; elle vient de graine, & de plans enracinez qu'on va chercher dans les bois ou dans les hayes.

Du Coudrier ou Noiſetier.

Cet arbriſſeau eſt des plus propres pour garnir des bois dans un Jardin & des boſquets; ſon bois eſt fort clair, il jette bien des branches, il a la feüille large; le Noiſetier franc l'a plus belle, & produit un fruit qui eſt fort eſtimé, & qu'on appelle *Noiſette*; il ſe ſeme, & c'eſt par là que l'eſpece s'en multiplie.

De l'Arbre de Judée.

Il eſt fort recherché par rapport à

ſes fleurs rouges ; il vient aſſez haut
& trés-gros ; il a le bois noirâtre,
& ſa feüille reſſemble à celle de l'A-
bricotier , il ſe multiplie de graine &
de marcotes.

Du Mirabolanier.

C'eſt une eſpece de Prunier, dont
le bois eſt fort menu ; cet arbre donne ſa fleur des premiers & en abondance , mais ſon fruit a peine à
noüer. Il y a de deux ſortes de Mi-
rabolaniers ; ſçavoir, le rouge & le
noir ; l'un & l'autre ne quittent pas
le noyau, & on s'en ſert pour faire
une marmelade qui eſt excellente.

De l'Azerolier.

C'eſt une eſpece d'épine appellée
Epine d'Eſpagne ; cet arbriſſeau a ſa
feüille plus large que la commune ,
ſon fruit eſt rouge & gros comme
une lentille mais ſec & aſſez agréable
quand il eſt meur ; ſa fleur eſt ſujette
à couler, c'eſt pourquoi on l'expoſe
au Midy contre un mur.
L'Azerolier ſe greffe ſur l'Epine

blanche ou fur franc de poirier, fur le Néflier ou fur le Coignaffier ; ce dernier fujet donne plûtôt du fruit, il eft auffi plus gros & charge bien plus.

On cultive encore une autre efpece d'Azerole qui eft de moitié plus groffe ; cet arbriffeau a la feüille femblable au premier, excepté qu'elle eft plus large, plus grife, plus épaiffe & plus tendre.

Il y a encore un autre Azerolier dont le fruit eft plus gros que les autres ; on l'appelle l'*Azerolier de Canada*, il a la feüille trés-large, femblable à celle de l'Epine, mais peu coupée & dentelée : on fait de l'Azerole une efpece de confiture trés-agréable.

Du Piftacher.

C'eft un arbre qui croît affez haut, il a la feüille agréable, & fon fruit encore davantage. On prétend que pour lui faire donner du fruit il faut planter le mâle & la femelle dans un même endroit, & dans une diftance raifonnable, afin qu'ils ne fe nuifent point, qu'autrement cet arbriffeau eft fterile.　　　De

Du Cormier.

C'eſt un arbre qui vient fort haut, & dont le fruit reſſemble à une petite poire, qui n'eſt bonne à manger que lorſqu'elle eſt molle ; on peut planter quelques Cormiers à la campagne ; le bois en eſt fort dur, & les Menuiſiers s'en ſervent pour faire des manches à leurs outils : on en fait des aluchons pour des roüets de moulin ; & de ſon fruit on en compoſe une boiſſon qu'on donne aux domeſtiques à la campagne.

De l'Epine-vinette.

C'eſt un arbriſſeau dont le fruit eſt petit & trés-bon ; il a un goût aigret, il naît en grape, & on en fait une confiture liquide ou ſéche, comme on veut ; on en fait auſſi un cotignac fort agréable.

Des Azeroles.

Il y a de deux ſortes d'Azeroles, l'une qui a des pepins, & l'autre qui n'en a point ; elles ſe greffent ſur l'Epine blanche, ou ſur le coignaſſier

N

Du Grenadier.

Il y en a de quatre sortes, sçavoir, le Grenadier à fleur double, le panaché, le Grenadier d'Amerique, & le Grenadier à fruit.

Ces arbrisseaux s'élevent en caisse. Le Grenadier à fruit vient trés bien en pleine terre; & on y mettroit volontiers les autres, s'ils n'étoient pas si susceptibles de froid; & pour avoir de beaux Grenadiers, il faut leur donner une terre composée de cette maniere:

On prend d'une terre de Jardin qui soit tré bonne; on la passe au crible ou à la claye fine, puis on prend du terreau de couche, ou de fumier de couche si on en a, on mêle le tout ensemble moitié par moitié; cela fait, on met cette terre en une ou plusieurs caisses, & on y plante les Grenadiers.

Nous avons déja dit que les Grenadiers à fruit se mettoient en pleine terre, parce qu'ils y réüssissent trésbien; il est vrai aussi, mais il faut les planter contre un mur exposé au

Midy, & où il y ait un treillage pour
l'y palisser.

Les Grenadiers à fleur double font
aussi un trés bel effet en cet endroit
à cause de leurs fleurs qui étant si
pleines, demandent beaucoup de
nourriture.

Les Grenadiers ont besoin de labours pour les faire pousser vigoureusement : s'ils font en caisse on les
laboure legerement avec une houlette de Jardinier ; s'ils font en pleine
terre, on se sert de la pioche ou de la
bêche : on commence ce travail à
leur égard dés le mois d'Avril.

Il faut aussi les arroser amplement
lorsqu'ils font en caisse, principalement pendant les grandes chaleurs
de l'Eté, & de deux ou trois jours
l'un. A l'égard des Grenadiers en
pleine terre, on ne les arrose point,
si ce n'est que le tems soit bien chaud:
c'est par le secours de ces arrosemens
que les fleurs & les fruits des Grenadiers noüent aisément, au lieu
que si on les laisse manquer d'eau, ils
coulent & tombent au nœud.

Pour bien conduire un Grenadier
en caisse, il est besoin de le tailler,

afin qu'il se garnisse dans le dedans ;
& cette taille consiste à en arrêter
les branches qui sont trop élancées. Il
naît sur un Grenadier quelques branches mal placées, comme par exemple celles qui panchent trop, & dont
on ne sçauroit rien tirer d'avantageux, il faut les retrancher.

Les branches courtes & bien nourries doivent être conservées, parce
que c'est d'elles que sortent les fleurs
& les fruits que nous en attendons.
Pour peu d'ailleurs qu'on voye d'autres branches dégarnies dans leur
longueur, il faut les racourcir, afin
qu'elles se garnissent ; toute cette
taille se fait au mois d'Avril.

Il est bon aussi de pincer les Grenadiers, aprés la premier pousse. Cette
operation se fait sur certaines branches nouvelles qui s'échapent trop :
on peut aussi ébourgeonner celles
qui naissent trop prés de la tige sur
d'autres branches qui en sortent,

Tout Grenadier à fleur double ou
panaché, qu'on éleve en caisse doit
être en pied net de toutes branches
telles qu'elles soient : on ne laisse ces
sortes de branches qu'à ceux qu'on

confidere pour la multiplication de
l'efpece, en les marcotant.

Pour empêcher que les Grenadiers
ne coulent, il faut, comme on a déja
dit, les arrofer amplement; & tous
les ans avec la houlette du Jardinier
faire un cerne tout autour du pied,
& en ôter la vieille terre, pour y fub-
ftituer du terreau de fumier de vache
ou de couche, tel qu'on l'a. Les Grenadiers ainfi gouvernez peuvent ref-
ter en caiffe cinq ou fix ans, après
lequel tems il faut les rencaiffer.

Comment marcoter les Grenadiers.

Les Grenadiers viennent de marcotes, voici comment cela fe fait.

Prenez une branche bien choifie,
émondez-la autant que vous le juge-
rez à propos, & de maniere que ce
qui doit être couché en terre foit
tout-à-fait net; enfuite couchez
cette branche dans une petite rigole
que vous aurez faite, arrêtez-la avec
un crochet de bois que vous fichez en
terre, couvrez-la de terre, arrofez la,
& la laiffez ainfi pendant fix mois
qu'elle doit prendre racine. Le tems

le plus propre pour marcoter les Grenadiers, est toujours le mois d'Avril; si bien qu'en Septembre on peut voir si les branches marcotées ont pris racine : si cela est, on les sevre de leur tronc pour les planter comme on a dit.

Les Grenadiers craignent le froid, c'est pourquoi il faut les mettre dans la Serre pendant l'Hyver. A l'égard des Grenadiers en pleine terre, on les garantit des gelées en mettant du grand fumier à leurs pieds, & les couvrant de paillassons. Les Grenadiers à fleur double, & qui ne donnent point de fruit, commencent à fleurir au mois de May, & continuent ainsi jusqu'en Août.

De la Couleurée.

Cette plante vient de semence & de plans enracinez; elle croît heureusement en toute sorte de terre, pourvû qu'elle ne soit point trop à l'ombre. On se sert de la Couleurée pour garnir des cabinets & des palissades dans des Jardins de Cabaret ou dans des cours. Quand une fois on a

planté la Couleuvrée, elle dure long-
temps sans qu'il soit besoin d'en replanter ni d'en semer d'autre.

De la Vigne-vierge.

Elle vient de plans enracinez; son
aspect est fort agreable : on la plante
le long d'un mur, qu'elle garnit en
peu de tems tant haut qu'il puisse
être.

Du Maronier franc.

Cet arbre est fait comme le Châ-
taigner, si vous en exceptez son fruit
qui est bien plus gros que la châtai-
gne. Le Maronier croît mieux dans
les terres sablonneuses & legeres que
dans les terres fortes & humides, où
il ne croît que trés-difficilement.

Le Maronier se greffe en fente au
mois d'Avril ; il suffit qu'il y ait un
œil, outre que cette greffe ainsi choi-
sie est plus facile à lever & à apliquer
que lorsqu'il y a plusieurs yeux. On
peut encore greffer cet arbre en écusson, la methode en est plus aisée, &
c'est celle aussi qu'on suit le plus aujourd'hui; c'est à œil poussant qu'elle

se fait, & à la saint Jean par con
quent.

Du Noyer.

Il seroit à souhaiter qu'on pût élever le Noyer en place comme
bien d'autres arbres, il seroit plûtôt
en état de donner du profit qu'il n'est
pas ; mais comme cela ne se peut,
voici les moyens avec lesquels on
peut en peu de tems en avoir.

Ayez un morceau de terre plus ou
moins étendu que vous souhaitez
planter de Noyers, ameublissez la
bien, & prenez garde que cet endroit
ne soit point trop ombragé.

Il faut sur cette terre qu'on aura
mise à uni, tirer des alignemens au
cordeau, espacez l'un de l'autre de
deux pieds ; ensuite on prend des
noix de l'année, incontinent aprés
qu'on les aura abatuës. Les meilleures & celles qui rendent le plus de
profit, sont les noix longues, &
dont l'écorce est blanchâtre & aisée
à rompre, & dont le noyau est
blanc & doux, & ne tient point à
l'écorce : on doit autant qu'on le
peut, rejetter les noix angleuses,

arce que tenant trop à la coque, &
'en pouvant rien tirer que par mor-
eaux, elles sont d'une utilité trés-
ediocre.

Cela observé, plantez ces noix
ans de petits trous faits sur les ali-
nemens, & à pareille distance, puis
ouvrez les de terre : c'est dans le
mois d'Octobre ou de Novembre
que cela se doit faire.

Quand les noix commencent à
pousser, on les entretient de petits
labours & fréquens. A mesure que
les petits noyers montent, on en
émonde ce qu'on juge à propos ; &
lorsqu'enfin ils ont acquis une tige
de six à sept pieds, on les leve en
petites motes pour les transporter
ainsi avec toute leur tête dans les
trous qu'on leur a creusez.

Il est à propos dans ces endroits
de leur donner des apuis, & de les
environner d'épine crainte que les
bestiaux ne s'y frotent. Le noyer est
un bois propre à bien des usages ; les
Menuisiers s'en servent pour faire
des meubles ; on les debite en po-
teaux, planches ou membrures : il
sert à monter des armes.

La racine de noyer a des marqu
ou des veines longues & étroites,
des ondes de diverses couleurs ;
quand cette racine est de bon bois
les Ebenistes & les Menuisiers s'e
servent pour faire du placage.

Le noyer produit des noix qu'on
mange en cerneaux & lorsqu'elles
sont seches ; & pour les bien abattre
dans leur maturité (ce qui se connoît
lorsqu'elles commencent d'elles-mêmes à tomber de l'arbre nuës & dé-
poüillées de leur premiere écorce) il
faut se servir de longues perches,
sans craindre de causer de préjudice
aux branches de l'arbre, qui au contraire, dit-on, n'en valent que mieux.

Pour conserver long-tems les noix,
il faut les abatre par un tems sec ;
étant abatuës on les met dans un endroit, & on les y laisse jusqu'à ce
qu'il soit tems d'ôter leur premiere
écorce, puis on les porte au grenier, & on les étend sur le plancher afin qu'elles sechent mieux ; &
faute de prendre ces précautions, il
arrive souvent que les noix mises en
monceaux se moisissent en peu de
tems.

CHAPITRE XIV.

Des labours : & des differens fumiers & amandemens dont on peut se servir dans le Jardinage.

DES LABOURS.

ON entend par labour, certain remuëment de terre qui se fait à la superficie, & qui penetre jusq'rà une certaine profondeur, de maniere que les parties de dessus sont renversées dessous, avec une bêche, une pioche ou une autre outil de cette sorte, dont on se sert dans les terres faciles à s'ameublir : si ce sont des terres pierreuses, on employe la fourche, & la pioche aussi en certains païs.

Le motif des labours est pour mettre les sels de la terre tellement en mouvement, qu'ils puissent aisément se porter aux racines des plantes, s'y introduire, & les faire croître en agissant au dedans des plantes.

Ces labours se donnent en differens tems & differemment, selon la
diversité des tems & des saisons. Les
terres seches & legeres doivent être
labourées en Eté un peu avant la
pluye ou incontinent après, & principalement s'il y a apparence qu'il en
doive encore tomber : il est dangereux de les remuer par le grand
chaud, à moins qu'on ne les arrose
incontinent après. On entend ici les
terres des Jardins où il y a du plan,
car quand il n'y a que la terre seule,
on ne doit rien craindre, on peut en
labourer des quarrez entiers, pour
les disposer à recevoir les plantes
qu'on leur destine.

Les terres froides & humides veulent au contraire être labourées par
un tems chaud, pourvû qu'on ne les
force point ; c'est-à-dire, qu'elles ne
se levent point en motte ; car pour
lors il est fort difficile de les ameublir. Les labours frequens sont d'une
grande utilité ; car outre qu'ils empêchent que les méchantes herbes
n'épuisent la terre de sels, c'est qu'ils
rendent encore cette terre féconde
en tout ce qu'on y met, ce qui n'est

as d'un petit avantage pour celui
ui le cultive.

On se gardera bien de labourer les
ibres & les vignes quand ils sont
en fleur ; ces labours leur sont pré-
judiciables , & en font couler le
fruit ; & la veritable maxime de remuer la terre à propos lorsqu'elle est
legere, est de la labourer à plein à
l'entrée de l'hyver, & en faire autant
aprés, afin que les neiges, les pluïes
de l'Hyver & celles du Printems pé-
netrant aisément cette terre la fer-
tilisent.

Pour les terres fortes & humides,
on leur donne un labour leger au
mois d'Octobre, en vûë seulement
d'en ôter les méchantes herbes ; puis
à la fin du mois d'Avril on leur en
donne un plus profond, lorsque les
fruits sont tout à-fait nouez.

Des amandemens & fumiers propres pour les Jardins.

On n'amande la terre & on ne la fume qu'en vûë de la rendre feconde
par la réparation des sels qui s'y sont
épuisez, & qui y deviennent abon-

dans ; mais il faut en connoître l
temperament, afin d'y apporter les
amandemens & les fumiers qui lui
conviennent.

Parmi les fumiers qu'on peut employer, les uns font gras & rafraî-
chiſſans, comme le fumier de vache;
les autres ſont chauds & gras, comme celui de mouton, les autres
chauds, & compoſez de parties fort
volatiles, comme le fumier de pigeon ; ainſi ſur ce que nous avons
apporté des temperamens differens,
il faut employer les fumiers chauds &
legers dans les terres fortes & humides, pour les rendre plus meubles &
moins peſantes, & les fumiers gras dans
les terres maigres & legeres pour en
fixer les ſels qui y volatiſent trop.
Le fumier le plus ordinaires qui entre dans les Jardins eſt celui de cheval, qui étant conſommé y fait des
merveilles avec les grands arroſemens.

Les feüilles des arbres qu'on
amaſſe en Automne, & qu'on met
pourrir dans quelque endroit humide, ſervent encore de quelque ſecours pour amander les Jardins ; les

cendres de toutes les matieres com-
buſtibles ſont auſſi d'un fort bon
uſage, ainſi que les bois pourris, &
generalement tout ce qui étant ſorti
de la terre ſe trouve corruptible.

Les terres de gazon même, & celles des grands chemins lorſqu'elles
ſont repoſées de longue main, peuvent auſſi ſervir d'amandemens, parce qu'il y a en elles certaines parties
qui ſe détachant aiſément, ſe portent
aux racines des plantes, & les font
vegeter avec vigueur.

Tous ces fumiers & ces amandemens qui engraiſſent la terre, peuvent être employez dans les Jardins ; mais comme il y a des tems
plus propres les uns que les autres
pour ſe ſervir de ces fumiers, voici
ce qu'il eſt bon de ſçavoir là-deſſus.

Nous n'avons pour cela que cinq
mois de l'année ; ſçavoir, depuis le
commencement de Novembre juſ-
que vers la fin de Mars, parce que
dans ce tems il y a ſuffiſamment d'humidité pour les conſommer ; c'eſt
par là que les ſels s'y augmentent, &
ſont tous prêts à agir au premier

beau tems que la chaleur se fe
sentir.

Quand on employe les fumiers
dans un tems trop sec, la plus grande partie des sels s'en exhalent inutilement : il s'ensuit donc parce qu'on
vient de dire, que l'Hyver est la saison qui convient le mieux pour fumer les Jardins. Il est tems à present de venir à la maniere d'emploïer
ces fumiers, voyons comment cela
se doit faire pour les rendre trés utiles à la terre d'un Jardin.

Lorsqu'il s'agit de fumer a vive
jauge, c'est à dire, également, &
amplement par tout, & un peu avant
dans terre, il faut bien se donner de
garde, comme il y en a qui font, de
mettre ce fumier au fond des tranchées ; la raison en est, que ce qu'il
y a de bon devient inutile, parce qu'il
descend trop bas, & dans des endroits où les racines des plantes ne
sauroient pénétrer ; ainsi il faut donc
mettre ce fumier sur la superficie de
la terre, si on veut qu'il produise un
bon effet, & qu'il fertilise le fonds
ou on l'employe.

Il y en a qui prétendent qu'il est
inutile,

utile, & même dangereux de fumer les arbres, parce, disent-ils,
que cela fait acquerir aux fruits un
goût fort désagreable. Ce sentiment
n'est point suivi de bien des gens
versez dans le Jardinage, qui bien
au contraire ont éprouvé que les fumiers mis aux pieds des arbres y fai-
soient merveille. Il est donc bon
de fumer les arbres, mais il faut que
ce soit sur la superficie qu'on répan-
de ce fumier, puis l'y enterrer avec
la bêche en labourant la terre.

Le crotin de mouton est merveilleux pour fertiliser la terre destinée
pour les herbages & les legumes ; on
s'en sert avantageusement pour les
Orangers. Le terreau est le dernier
service qu'on retire du fumier, il sert
merveilleusement bien pour les me-
nus herbages qu'on cultive dans les
Jardins : & pour élever des salades
& des raves, on en répand environ
deux poûces d'épais sur les terres
nouvellement ensemencées au Printems & dans l'Eté quand elles sont
trop legeres ou trop fortes.

CHAPITRE XV.

De quelques avis sur les arbres en manequin.

LEs manequins sont d'un grand secours pour bien des choses dans le Jardinage ; on s'en sert pour mettre des arbrisseaux & des arbres fruitiers : nous parlerons ici de ces derniers, & nous dirons quel avantage on en tire.

Il faut choisir pour cela un endroit à l'ombre, y mettre des arbres en manequin, avec des étiquets, ou marquez par ordre sur un registre qu'on en tient exprés, afin d'y avoir recours si quelque arbre vient à manquer ou même à languir. Un plan d'arbres par ce moyen devient toûjours parfait, rempli & fait beaucoup de plaisir.

Mais pour réüssir en cela, il faut remplir ces manequins de bonne terre de Jardin, & planter les arbres directement au milieu, on les laisse ainsi travailler en racines & en bran-

ches ; mais dans le dernier cas , il est
bon de les conduire comme s'ils
étoient en place ; c'est à-dire , de les
tailler les uns en buisson , & les autres en espalier, afin qu'en ayant à
faire pour garnir un espalier vuide
ou une plate-bande, on trouve tout-
d'un-coup ce qu'on cherche ; autrement c'est ne rien avoir que de prendre des arbres en manequin , qu'on
est obligé , faute d'avoir été conduits
par la taille , de réduire au premier
brat.

C'est donc en pratiquant ce qu'on
vient de dire , que l'usage des manequins en fait d'arbres fruitiers est
les plus avantageux , puisqu'on
peut par ce moyen planter des arbres
pendant toute l'année, supposé qu'il
vienne à en manquer.

A l'égard de la grandeur des manequins, ils doivent être pour bien
faire hauts d'un pied & demi , &
autant de diametre : ces manequins
sont faits de gros oziers , & ne coû-
tent pas grand'chose ; le principal de
ces manequins est qu'il faut que le
fond en soit fort , & assez solide
pour porter sans crever la pesan-

O ij

teur de la terrre dont ils ſont re
plis.

Quand on plante les arbres e
manequin , il faut aprés qu'ils
ſont enterrez les y arroſer amplement: ces arroſemens leur ſont encore neceſſaires pendant l'Eté , & il
eſt bon que les manequins , comme
on a déja dit , ſoient mis à l'ombre
juſqu'à ce qu'ils ayent commencé à
pouſſer.

CHAPITRE XVI.

D'une methode trés-facile pour cultiver les fleurs.

VOici des inftructions fort faciles fur la culture des fleurs, &
qui font plus que fuffifans pour di-
vertir l'efprit d'un curieux.

Terre propre à un Jardin pour fleurs.

Elle doit être legere & fubftantielle, bien meuble, & avoir pour le
moins un pied & demi de profondeur. Les terroirs humides & francs
ne font point bons pour ces plantes,
& pour entterenir la terre telle qu'-
on vient de le dire, on y mêle fouvent du terreau de couches. C'eft le
fecret pour faire que les fleurs y
croiffent bien.

Les Jardins à fleurs font ou Jardins particuliers diftribuez à l'ordinaire, ou parterres en découpez,
cela dépend de la fantaifie de ceux
aufquels ces Jardins appartiennent.

Des Anémones.

Pour entrer d'abord en matiere
on dira que les Anémones se plantent depuis le mois de Septembre
jusqu'en Octobre sur planches, ou
en plates-bandes sur des alignemens
tirez au cordeau, à quatre poûces
l'une de l'autre, & plantées à même
distance, dans des trous faits au plantoir ; on soigne de les tenir nettes de
méchantes herbes, & de les arroser
quand elles commencent à pousser,
ou qu'elles sont en fleur ; il est bon
pour les garantir de la gelée, de les
couvrir de grande paille ou fumier.

Les pattes d'Anémones ne restent
en terre depuis qu'elles sont plantées
que jusqu'aprés la saint Jean-Bapti-
ste qu'on les léve ; il faut les mettre
sécher, elles s'en gardent mieux, &
que ce soit toûjours dans un endroit
à couvert de la pluïe, & des ardeurs
du Soleil.

Et comme il y a une terre qui est
propre aux Anémones, & dont on
doit absolument être pourvû, voici la maniere de la préparer.

Il faut faire cinq monceaux égaux de fable jaune, trois autres auffi gros de terre à potager, & quatre autres de même groffeur de terreau de couche bien confommé ; on compofe ainfi de cette terre autant qu'on juge en avoir befoin, & il faut que ce foit toûjours un mois avant que de s'en fervir ; il faut bien mêler le tout enfemble avec des pelles & à force de bras, & la paffer à la claye.

Cela fait, placez vos pattes à même diftance & dans des trous faits au plantoir ; on les plante en échiquier fur les alignemens, à trois doigts avant dans terre ; ce n'eft pas feulement en pleine terre qu'on plante les Anémones, on en met encore en pots, une ou deux pattes dans chacun, felon leur grandeur.

Outre la faifon qu'on a dit qu'il falloit planter les Anémones, on avertit encore que cela fe peut faire au mois de Mars & d'Avril : ce n'eft pas qu'on doive attendre quelque chofe de bien avantageux de ces dernieres Anémones. Cette plante veut être expofée au Soleil ; fi l'Automne eft feche, il faut foigner de les arro-

ser ; & au contraire si cette saison est
pluvieuse , il faut avoir la précaution
de les garantir des pluïes avec de
bons paillassons : pour les autres arrosemens qui les regardent , ils se
font depuis le mois de Fevrier jusqu'à ce qu'elles ayent donné leurs
fleurs.

Quoique le froid ne soit pas tout-
à-fait à craindre pour les Anemones,
il est bon cependant quand il se fait
trop sentir , de les couvrir de paille
ou de grand fumier sec : on sème aussi
les Anémone, mais cette voye est trop
ennuïeuses pour en rien dire ici.

Pour juger véritablement de la
beauté d'une Anémone , il faut qu'-
elle ait la tige proportionnée en hauteur à la grosseur de la fleur , & qu'-
elle soit assez forte pour la porter
sans se courber dessous ; la feüille en
doit être crêpuë , la touffe basse &
bien garnie , & la peluche faite en
maniere de dôme, & accompagnée de
Bequillons.

La beauté d'une Anémone consiste
dans sa grosseur & dans sa rondeur ,
sur tout lorsque les grandes feüilles
surpassent un peu la grosseur de la
peluche.

luche, il faut encore que l'extrémité
de ſes grandes feüilles ſoit ronde
ainſi que celles de ſes b. quillons,
qui doivent être larges & non pas
étroites.

Le cordon doit un peu exceder,
& être à niveau des premiers bequillons, & quand par ſon épaiſſeur il
repreſente une maniere de boûrlet,
c'eſt un défaut tout grain qui paroît ſur le cordon d'une Anémone eſt
une diformité, & le cordon doit
être de couleur differente des grandes feüilles.

Des Renoncules.

Les renoncules ſe plantent & ſe
levent en même tems que les anémones dans une même terre, & à
pareille diſtance. Il faut ſoigner de
les lever auſſi-tôt que leur feüille eſt
tombée.

Il faut quand on veut planter
les renoncules en mettre tremper
leurs griffes dans l'eau, pendant
deux fois vingt-quatre heures, elles
en levent plûtôt, il faut les mettre
deux doits avant en terre, & à quatre doits de diſtance, il leur faut une

P

bonne expofition , & en planter en
pots comme en pleine terre , & elles
veulent être arrofées fouvent & far-
clées de même.

La beauté d'une renoncule confifte a avoir le fond blanc avec des
rayures rouges & bien diftinctes les
unes des autres. On fait encore cas
des renoncules qui font jaunes ,
marquetées de rouge, ainfi que de
celles qui font de couleur de rofe
en dehors , & blanches en dedans.

Des Martagons.

Ils fe multiplient par le moyen
de leurs oignons , pourveu qu'on les
mette dans une terre bien labourée ,
ils y croiffent toûjours affez bien ;
quand la fleur eft paffée , ou en
coupe la tige pour leur faire pouffer
des racines. Les *Lys* , & les *Impe-
riales* fe gouvernent de même.

Des Narciffes.

Ces plantes pour l'ordinaire veulent une terre legere & fubftantielle ;
on les plante en platte-bande ou
dans des pots , à la hauteur de cinq
doits , & dans une pareille diftance.

Il y a des oignons qui viennent du Levant qui ne fleuriſſent point dans nos Jardins, s'ils ne ſont plantez à fleur de terre, c'eſt à quoy il faut prendre garde. On compte de pluſieurs ſortes de narciſſes, ſçavoir, *le Narciſſe de Conſtantinople*, il s'épanoüit difficilement, ſur tout lorſqu'il commence à former ſa tête, les broüillards & les froids viennent à fletrir l'envelope qui couvre le fleur ; c'eſt pourquoy on ne le plante qu'à la fin de Janvier, & lorſqu'il a pouſſé ſa tite, on ſoigne de le couvrir pendant la nuit pour le garantir des frimats de la ſaiſon, il faut le découvrir le matin s'il y a apparence de beautems.

Et pour aider la fleur à éclôre, on en fend adroitement l'envelope, il ne faut point manquer tous les ans a déplanter le narciſſe & de le mettre dans un endroit qui ſoit fort ſec.

Il y a encore le *Narciſſe jaune & pâle*, dont les feüilles ſont friſées ; il vient mieux en pot qu'en pleine terre ; le grand ſoleil luy eſt contraire. *Les Narciſſes d'Eſpagne doubles* ou simples , veulent être cultivez comme les jaunes.

Des Jonquilles.

La terre de potager est celle qui convient le mieux à ces fleurs , elles ne veulent pas être trop exposées au Soleil.

La *Jonquille d'automne* demande un endroit ombragé , une terre legere , & a être plantée à la hauteur de trois dots & à deux de distance l'une de l'autre : on n'enleve l'oignon que bien rarement. Pour la garantir en Eté du trop grand chaud, on l'ombrage de quelque paillasson ou autre chose de cette nature.

Il y a des jonquilles de plusieurs especes , sçavoir , la *grande jonquille,* elle est jaune , *la jonquille au godet rond,* autrement dit la *jonquille d'Espagne,* il y a encore *la petite jonquille simple,* elle a l'odeur fort agreable & approchant de celle du jasmin.

Parmi le nombre des jonquilles il y en a trois qui different des premieres, tant en couleur qu'en odeur, sçavoir *la petite jonquille ,* dont les feüilles des fleurs sont irregulieres

& leur odeur, *la jonquille d'Autonne* ainſi appellée , parce qu'elle fleurit en cette ſaiſon & la grande jon-quille.

On arroſe les jonquilles quand on voit que la terre où elles ſont plan-tées en a beſoin , on ne déplan-te point les jonquilles que pour en retrancher les radicules qui y tien-nent , & à peine ſont-elles hors de terre qu'il faut les y remettre in-continent, quoyque neanmoins on peut les garder un peu de tems avant que de les planter.

Du Crocus.

Une terre graſſe luy convient , & veut qu'on le plante à la hauteur de trois doigts & à même diſtance; en plattes bandes ou dans des découpez de parterre.

Des Tulipes.

Les tulipes veulent une terre ſubſtantielle ; lorſqu'elle eſt trop legere , elles n'y font rien qui vaille & avortent la plûpart ; il faut que cette terre ſoit bien meuble, le ter-reau remedie aux défauts qui pour-

roient se trouver dans la terre d'u
Jardin.

Ces plantes se multiplient d'oi
gnons ou de graines ; en ce cas-cy,
il faut prendre de celles qui sont
tardives, elles reüssissent mieux, &
panachent plus facilemeut : à l'égard
des couleurs les blanches à fond noir
ou bleu, ou les rouges d'écarlate à
fond bleu violet, & bordé d'un cercle blanc font preferables à toutes
les autres.

Quand on veut les semer, on remplit un pot de bonne terre à potager bien passée au crible & de bon
terreau de couche, & on les y seme
à claires voyes, à la hauteur d'un
demi doigt.

On ne doit lever les oignons qui
en proviennent qu'au bout de deux
ans, & trois ans aprés ils donnent
de belles fleurs.

On peut les semer sur planches
si on veut avec la terre dont on a
parlé, c'est dans le mois de Septembre que cela se fait, & si-tôt que
les jeunes tulipes commencent à lever, ce qui arrive toujours dans le
mois de Mars : il faut soigner de les

farcler & de les arrofer de tems en
tems , & aprés que leurs premiers
fanes feront fechées , on prend un
crible , & on les couvre nouvellement de la terre compofée ainfi
qu'on l'a dit.

Il ne faut point attendre de belles
fleurs des tulipes femées avant cinq
ans ; le temps eft un peu long à la
verité, c'eft pourquoi on fuit plûtôt la voye des oignons qui eft bien
plus promte ; le tems de les planter
eft depuis le quinze Octobre jufqu'à la fin de Decembre.

Les oignons de tulipes reftent en
terre pendant un an feulement qu'on
les déplante , lorfque leurs fanes
font feches, & lorfque les oignons
font hors de terre on les porte dans
un lieu aéré , où neanmoins il ne
faut pas que le foleil donne crainte
qu'ils ne s'alterent.

On plante auffi les tuyaux de tulipes pour en multiplier l'efpece ;
mais il faut les laiffer trois ans en
terre fans les lever, & pour avoir
de la graine de tulipe dont on puiffe
tirer quelque chofe d'avantageux,
il en faut laiffer de celles qui font

s plus belles & les plus groffes.

Pour juger veritablement de la beauté d'une tulipe felon le fentiment des fleuriftes, elle doit avoir fix feüilles, trois dedans & trois dehors, dont les premieres doivent être plus longues que les autres ; il faut qu'elle ait la forme camale, & non pas pointuë, fon verd doit être mediocrement grand & un peu frié ou accompagné de petites rayeures

Toutes tulipes qui entrant en fleur paroiffent belles, ne font point eftimées, il faut attendre deux ou trois jours aprés pour en juger plus fainement.

Et lorfqu'une tulipe s'ouvre avec des feüilles renverfées par dedans ou par dehors, on n'en fait nul cas, de même que lorfque fes feüilles font trop minces, fi fon calice a peu de dos c'eft une bonne marque.

Parmi les tulipes qu'on eftime le plus, on fait cas de celles dont le coloris eft luftré & paroît comme du fatin, les rouges de couleur de feu à fond blanc, les bazanes, celles à panaches avec force nuances & les jaunes panachées de gris, paffent toûjours pour de tres belles tulipes.

Toute couleur dans une tulipe qui n'eſt point broüillée ſur la plaque & où les panaches ſont fort bien ſeparez, la rend agréable aux yeux, & pour faire qu'une tulipe ſoit parfaite, il faut que les étamines ſoient brunes & non jaunes.

Du Fretilaire.

Cette plante veut un terroir frais, & de frequens arroſemens pendant les grandes chaleurs; on la plante en pots, elle y réüſſit mieux qu'en pleine terre; on la couvre à la hauteur de trois doigts.

Les fretilaires ſe multiplient de graine, c'eſt au mois de Septembre que cela ſe fait, & on les replante incontinent aprés.

Des Iris.

Les Iris ne ſont point d'une difficile culture, ils viennent fort bien dans une terre legere, plantez à trois doigts de hauteur, en plattes-bandes, ou dans des découpez de parterre.

Les Iris bulbeux ne veulent être

mis qu'à deux doigts en terre, c
dans quelque lieu ombragé ; on ne
leve les uns & les autres que tous
les trois ans sur la fin de Juillet,
& se replantent comme les Anémones.

Il y a encore quantité d'autres
especes d'Iris , dont le dénombre-
ment ne paroît pas bien necessaire.
Les Iris se multiplient de graine comme les oignons , elle se recüeille au
mois de Juillet lorsqu'elle est assez
mure , & le temps de planter les
oignons est dans le mois de Septembre & d'Octobre.

De la Tubéreuse.

La Tubéreuse se met en pot ;
dans une terre legere & substantiel-
le. Pour avoir de bonne heure des
fleurs de tubéreuses, on en plante
les oignons au mois d'Avril , & on
en met les pots en couche chaude,
& telle qu'elle doit être pour y semer des graines.

On laisse les tubéreuses sous les
cloches, jusqu'à ce que les chaleurs
soient adoucies , sans ôter les pots
des couches. On plante encore des

tubereufes au mois de May pour en
avoir en fleur pendant tout l'Autonne.

Au défaut de ces couches , on expofe ces pots au grand Soleil & on
les arrofe copieufement pendant les
chaleurs de l'Eté ; il faut enterrer
ces oignons trois doigts avant en
terre.

De L'hyacinte.

L'hyacinte vient de graine & fe
feme en Septembre & en Octobre,
on tranfplante les jeunes oignons au
bout de deux ans.

La plus courte voye neanmoins,
eft de fe fervir des oignons pour en
avoir bien-tôt de la fleur ; la culture
n'en n'eft point dificile ; une terre
à potager bien meuble , convient
fort bien à l'hyacinte.

Il y a de plufieurs efpeces d'hyacinte , *l'hyacinte de plufieurs couleurs,*
elle donne beaucoup de fleurs le
long de fa tige , *l'hyacinte Oriental,*
fa tige à une double tête , *l'hyacinte
d'Hyver* , autrement appellé *Prin-
tanier,* il eft bleu & odoriferant, *l'hyacinte de Conftantinople* , il eft bleu &

a beaucoup d'odeur, *l'hyacinte viole*
on le diftingue des autres par pl
fieurs petites marques, *l'hyacin*
cendré, eft un peu pâle, *l'hyacin*
rougeâtre, appellé ainfi à caufe de fo
tuyau, *l'hyacinte polianthe blanc*, il e
plus tardif que les autres, *l'hyacint*
polianthe viole, il eft fujet à fe gâter
ayant des bulbes qu'il pouffe en bas,
& plufieurs autres.

On employe beaucoup les hyacintes dans les parterres, ils y font un
effet merveilleux, les bulbes qu'elles produifent ne donnent des fleurs
que la quatriéme année.

La plûpart des hyacintes aiment
les endroits les plus expofez au Soleil, on les plante fur des a'igne-
mens tirez au cordeau & diftants
l'un de l'autre d'un empan, & il y
en a qui veulent que les hyacintes
reftent quatre ans entiers fans les déplanter, à moins qu'on ne s'aperçoi-
ve qu'ils donnent trop de cayeux &
qu'à caufe de cela, les fleurs en fouf-
frent & ne faffent chofe qui vaille.

Du Cyclamen.

Les cylamens Printaniers & Au-

tonneaux fe plaifent en terre legere,
un peu amandée avec un bon terreau de couche, & en lieu peu expofé au Soleil ; deux doigts de profondeur fuffifent quand on les plante.

Des Oeillets.

L'œillet fe multiplie de femence,
ou de marcotes. Le vray tems de les
faire eft aprés que la fleur en eft paffée pour les lever en Septembre.

Quand on veut marcotter les œillets, on choifit toûjours les jets les
plu bas , & dont la tige paroît
mieux nourrie ; on en ôte les feüilles jufqu'au deux ou troifiéme nœud;
puis avec un ganif , on fend ce
nœud jufqu'environ la moitié de la
tige, & retournant le tranchant du
ganif du côté d'enhaut ; on y fait
une entaille longue environ de cinq
à fix lignes.

Enfuite on couche à terre doucement cette branche incifée, on l'y
arrête par le moyen d'un petit crochet de bois qu'on fiche en terre,
aprés quoi on la recouvre de terre ;
il eft bon d'y verfer incontinent un

peu d'eau pour faire joindre la terre, cela en facilite beaucoup la reprise.

Les œillets se mettent ordinairement en pots, dans une terre legere, mêlée de bon terreau, ou dans de bon terreau seulement, mais ils n'y prennent pas tant de nourriture. À mesure qu'ils poussent, on fiche à leur pied des petites baguettes de coudre, le long desquelles on les attache avec du petit jonc, pour empêcher leurs montans de se rompre.

Ils ne veulent point le grand Soleil, sur tout lorsqu'ils sont en fleur, car cet Astre par l'âpreté de sa chaleur, avec l'humidité qui peut y être souvent, en ternit le lustre, & les fait passer trop vîte.

Quand les œillets ont jetté leurs montans, & qu'ils poussent leurs boutons, on les en décharge d'une partie pour les avoir plus beaux ; il faut avoir soin de les arroser, quand on juge qu'ils en ont besoin.

Les curieux, quand leurs œillets sont en fleur, ont soin de les tenir couverts pendant la pluye, parce qu'elle ne peut que les ternir, & effacer la beauté de leur blanc.

L'œillet, comme on a déja dit, se
multiplie de sémence qu'on jette en
pleine terre sur couches ou dans des
terrines, ou des baquets, c'est au
mois d'Octobre, & au mois de Mars
que cela se fait.

Quand on seme les œillets sur
planches, il faut y répandre un bon
doigt épais de terreau, si c'est sur
couche, le terreau qui y est suffit
assez de luy-même; mais si on se
sert de terrines, de pots ou de baquets, il faut en remplir le fond
d'une bonne terre à potager, bien
criblée & se contenter de mettre pardessus un bon doit de terreau.

Les œillets étant ainsi semez &
parvenus en état de pouvoir être
transplantez, on les plante sur planches alignées tout du long au cordeau de quatre doigts de distance.

Le tems de les planter est sur la
fin du mois de Mars ou au commencement de celuy d'Avril : les œillets
plantez ainsi restent en terre jusqu'à
l'année suivante sans donner de
fleurs.

Les marcotes des œillets qui sont
rares se plantent en pots avec une

terre compofée en cette forte.

Prenez un tiers de bonne terre à
potager , un tiers & demi de terreau & un demi tiers de terre jaune
ou fabloneufe , criblez bien le tout,
mêlez-le enfemble, enfuite ayez des
pots de moyenne grandeur,& neanmoins plus larges par le haut que
par le bas, rempliffez-les de cette
terre , foulez-la un peu & y plantez
aprés vos marcottes , c'eft environ
vers la faint Remy qu'on fait ce
travail.

Quand on a planté les marcottes
d'œillets on les met à l'ombre pendant dix jours , puis on les en ôte
pour les placer à l'expofition du Levant : l'œillet ne craint pas beaucoup le froid ; c'eft pourquoy on ne
craint point de luy laiffer effuyer les
premieres gelées, il n'y a que les
grands froids qui luy font prejudi-
ciables ; mais pour éviter qu'il n'en
foit atteint , on porte les pots dans
la ferre, ou au défaut de ces endroits
dans quelque chambre ou autres endroits à couvert des plus fortes gelées.

Si l'hyver eft doux & que danr la
ferre

ferre la terre des pots où font les œillets fe deffeche trop, on pourra y donner une petite mouilleure ; mais il faudroit bien s'en garder s'il y avoit la moindre apparence de gelée.

Le tems de fortir les œillets de la ferre, eft lorfque les froids font paffez, on les met pour lors à l'air, & dans un lieu à couvert des frimats. S'il y a quelques feüilles fur les œillets qui foient pourries, il faut les ôter.

Et aprés que les œillets ont été un peu de tems dans ce premier endroit, on les expofe au Soleil Levant, quoyqu'on en voye d'expofés au Midy qui y croiffent tres-bien, à l'aide des arrofemens, il ne faut arrofer les œillets qu'aprés le Soleil couché.

Lorfque les œillets commencent à dardiller il faut leur donner de petites baguettes de coudre pour apui & à mefure qu'ils pouffent leurs tige on les y arrête avec du jonc, ou un brin de fil avec lefquels on les lie, il en faut faire autant à mefure qu'ils montent.

Q

Lorsqu'un pied d'œillet pousse d[e]
montans de toutes ses marcottes
il en faut retrancher une partie, c[e]
qui se fait en coupant le dard au se[-]
cond nœud, & si cette plante donn[e]
plus de boutons qu'on ne voudroit
il faut l'en décharger selon qu'on l[e]
juge à propos, & principalemen[t]
ôter un de ceux qui nuisent à côt[é]
l'un de l'autre.

Les boutons qu'on ôte sont toûjours ceux qui viennent les plus prés
du pied de l'œillet, & il faut en cela
agir avec prudence, c'est-à-dire, en
abatre davantage aux œillets qui
sont foibles, qu'à ceux qui ont plus
de force.

Ceux qui ont des œillets qui crevent, doivent en lier le bouton &
le fendre un peu du côté qu'il forme une maniere de dos, & suposé
qu'un œillet ne donne pas la fleur
des plus rangées, il faut le peigner,
c'est-à-dire, arranger avec la main
les feüilles de cet œillet, ensorte
qu'il n'y ait rien à dire, & pour les
œillets qni crevent, on se sert encore d'un petit carton arondi percé
au milieu, & qui n'excede point

les feüilles de la fleur , & dans lequel il faut que le calice entre un
peu ferré.

Pour faire durer long tems un
œillet en fleur, il faut le porter à
l'ombre & avoir foin de le tenir à
couvert de la pluye & du grand
Soleil, qui terniroit le luftre de cette
fleur.

Si on veut fçavoir juger de la
beauté d'un œillet, voici ce qu'il eft
bon de fçavoir. Un œillet paffe pour
beau lorfqu'il eft large , garni de
beaucoup de feüilles, & qu'il forme
comme une efpece de petit dôme,
que fon blanc eft net & point carné,
que fes feüilles foient unies en leurs
bords & point découpées , toutes
rondes & non pointuës.

Plus un œillet eft garni de panaches , plus on en fait cas , particulierement lorfqu'ils font bien par-
tagez, & qu'ils ne font point imbi-
bez : le panache le plus beau eft celuy qui regne depuis le bas jufqu'au
haut de la fleur. Voilà quelles font
les marques d'un bel œillet, & la
veritable maniere de le cultiver.

Q ij

Des Amarantes ou paffevelours.

Il y en a de plufieurs fortes , elles viennent de graine & on en peut femer pendant quatre mois de l'année, fçavoir , en Fevrier , Mars , Avril & May ; dans les deux premiers c'eft toûjours fur couches , & lorfqu'elles font levées , on les couvre de quelques paillaffons crainte que le froid ne les endommage.

On les laiffe en cet état jufqu'à ce que les jeunes plantes ayent acquis deux poulces de haut , & qu'ils ayent jetté quatre ou cinq feüilles ; c'eft pour lors que peu à peu on les accoûtume au grand air , ce foin dure pendant fix femaines , au bout duquel tems on les tranfplante.

A l'égard des Amarantes qu'on feme en Avril , on peut ufer de moins de précautions , il faut encore moins de foin pour les Amarantes qu'on feme au mois de May , ce qui fe fait alors en pleine terre , dans des pots ou dans des baquets.

Les Amarantes font un tres-bel effet en pots & en plattes-bandes de parterres ; la graine quelle donne

it être prise en sa maturité parfaite,
le se conserve dans de petites boë-
s, & cette fleur est fort estimée
arce qu'elle dure long temps.

De la Balsamine.

La Balsamine se multiplie de
raine, on la seme sur un bout de
ouche dans des rayon, & toûjours
claire voye, & quand les jeunes
lans commencent a lever, il faut
es couvrir de paillassons, car les
rimats peuvent les endommager.

Il faut que les Balsamines restent
ix semaines ou deux mois en terre
vant que d'être transplantées ; il
aut leur donner un bon pied de
distance & trois doits de profondeur en terre ; on en met en pots &
en plattes bandes ; il faut les arroser
& soigner de les tenir nettes des
méchantes herbes.

CHAPITRE XVIII.

Des bordures tant des Jardins fleuristes que potagers.

LEs plantes dont on se sert pour border les quarrez & les plat-tes bandes des potagers, sont ordi-nairement la *Sauge*, la *Marjolaine*, le *Thim*, la *Lavande*, & l'*Hysope*.

Il y a deux especes de sauges, sça-voir la petite & la grande, elle se multiplie l'une & l'autre de plan enraciné, & pour la planter comme il faut, on tend un cordeau le long du bord d'une plate-bande, puis on y fait une rigole avec la bêche, dans laquelle on place les petits pieds de sauge, il faut en écarter leur bran-chage de maniere qu'elles garnissent bien un bord & qu'elles fassent com-me le buis, quelques-uns se ser-vant pour cela d'un plantoir tres pro-pre à planter du buis, cela est in-diferent.

On-tond tous les ans une fois ces sortes de bordures, si vous en ex-

ceptez le thim, qui ne devient point
aſſez haut pour cela ; quant aux autres herbes aromatiques, dont on
vient de parler, on n'en dira rien d'a-
vantage pour la culture. Le lecteur
aura recours à ce qu'on en dit dans
la ſuite de cet ouvrage, où on en a
traité aſſez au long ; nous parlerons
ſeulement ici des bordures dont on
ſe ſert aujourd'huy pour les parteres
tant en broderie qu'en émail & nous
commenceront par le buis.

Du Buis.

Le buis eſt un petit arbriſſeau verd,
& dont on ſe ſert le plus dans les
Jardins d'ornemens pour les parterres. On en compte de quatre ſortes, ſçavoir, le *grand Buis,* c'eſt celuy
qui croît en arbre, qu'on trouve
dans les bois, & dont on ſe ſert
pour bien des ouvrages ; à l'égard
de cette eſpece de buis, il n'entre
point dans les Jardins.

Nous avons le *Buis arbriſſeau,* autrement dit le *grand Buis,* on s'en
ſervoit autrefois beaucoup pour faire
des Paliſſades ; mais comme il eſt
trop long tems à croître, l'uſage en

est presque tout aboli ; il y a le *Buis nain*, autrement appellé *Buis d'Artois*, c'est celuy-là qu'on employe beaucoup pour la broderie des Parterres, & les bordures des plattes-bandes.

Ce buis croît par touffes, & pullule beaucoup, il se multiplie de brins éclatez avec racines dont on fait des pepinieres entieres, on le vend en botte, & il fait un tres bel eff t où on le plante, quand il est planté avec art.

Il y a aussi le buis panaché, il n'est point d'usage dans les Jardins, peut-être que si on l'y mettoit en vogue, il pourroit y avoir son merite.

Des Marguerites.

Les Marguerites se multiplient de plant enraciné, c'est une plante qui croît fort bas, & dont on se sert aujourd'huy plus que jamais, pour des massifs de Parterres au lieu de gazons, ces fl urs y font un effet des plus agré bles, c'est un émail qui dure long-tems ; il y en a de plusieurs sortes, de rouges, de blanches, de blanc pâle, & de piquetées

de

de rouge & de bleu , si bien que
lorsqu'elles sont plantées avec art,
il n'y a rien de plus agréable à la
vûë.

De la Statice.

C'est une espece de petite fleur
qui croît fort bas, & dont la fleur
est presque semblable à la Margue-
rite , hors que la premiere est couleur pourpre : il y a la petite & la
grande espece ; la premiere est plus
rare & plus recherchée, on en fa t
de jolies bordures dans les parteres
en émail, qui sont des plus à la
mode aujourd'huy.

Des Mignardises.

Nous avons encore les *Mignardi-
ses*, qui sont de petites fleurs naines
de couleur de chair fort vives & dont
on fait aussi des bordures ou des
massifs entiers de parterres ; ces
fleurs se multiplient aussi de plan
enraciné : il seroit à souhaiter que
dans les Provinces ainsi qu'à Paris &
aux environs on voulût en introduire la mode.

R

CHAPITRE XIX.

Des maladies des Arbres, & des moïens d'y remedier.

Du Chancre.

DE toutes les maladies qui viennent aux arbres , le chancre
eſt le plus dangereux. Pour remedier à ce mal , il faut au Printems
ſeulement le cerner tout autour dans
l'écorce vive juſqu'au bois ; il tombera de lui-même , ou bien on le
gratte avec un couteau , cela opere
un ſemblable effet.

De la Mouſſe.

Cette infirmité eſt cauſée aux arbres par le trop d'humidité qui regne dans le terroir où ils ſont plantez , ou quelque autre mauvaiſe qualité ; ſi c'eſt un petit arbre , vous en
nettoïerez la tige avec quelque morceau de gros drap , & pour un gros ,
vous graterez cette mouſſe avec un
couteau de bois , ou le dos de quel-

que autre inftrument dë fer : le tems
propre eft à l'iffuë d'une pluïe, ou
à la rofée du matin ; car durant la
féchereffe, elle y eft fi fort attachée,
qu'on ne fçauroit la rac'er fans endommager de beaucoup l'écorce de
l'arbre.

De la jauniffe ou langueur.

Cette jauniffe qu'on voit aux feüilles des arbres eft caufée fans doute
par quelques accidens dont fouvent
nous ne fommes pas certains, il faut
donc en chercher la caufe ; fi ce n'eft
que du côté du terroir qui feroit ufé,
on fait un cerne autour de l'arbre,
on en ôte toute la terre, & on remplit la tranchée d'une nouvelle mêlée de fumier, cela ravive l'arbre.

Il fe peut d'ailleurs que l'arbre
languiffant foit incommodé par
differens infectes ou autres animaux
qui endommageroient fes racines.
Pour lors il faut les chercher aux
pieds & les ôter, ou empêcher par
quelques fecrets, que ces ennemis
n'en n'aprochent ; nous commencerons par exterminer les taupes.

Des Taupes.

Pour les prendre, il y en a qui enfoüiffent en terre un pot à beurre dans l'endroit par où elles doivent paffer, renfonçant le pot deux doigts au-deffous de leur trace, & en paffant elles tombent dans ce pot.

D'autres fe fervent de bois de fureau, dont ils font une petite enceinte, & le fichent en terre à demi pied de profondeur.

Le plus sûr eft de les veiller le matin & le foir, quand elles travaillent, & les enlever adroitement avec la bêche. On les affomme auffi avec un maillet garni de pointe de clous longues d'un doit, & en frapant fur la taupiniere quand elles paffent, & foüillant promtement avec la bêche, on les trouve étourdies du coup ou bleffées même.

Des Mulots.

Ils fe prennent en faifant avec de la grande paille une petite hute, comme la couverture d'une ruche, mettant deffous une terrine pleine d'eau jufqu'à quatre doigts prés du bord, & jettant par deffus l'eau, un peu de paille d'avoine pour la cacher. Ces animaux viendront pour s'y veautrer, ou y chercher quelque grain, & ils se noïeront.

Des Vers.

Les vers se mettent quelquefois entre le bois & l'écorce de l'arbre ; quand on peut juger où ils sont, on se met en devoir de les ôter avec la serpette.

Des Coupe-Bourgeons.

Il y a une espece de petits vers qu'on appelle *coupe-bourgeons*, qui s'engendrent au bout des jeunes jets, & qui font mourir tout le haut ; pour ceux-là ils sont aisez à trouver, & on le racommode en coupant la branche qui en est attaquée jusqu'au vif.

Des Pucerons verds.

Cet insecte mange les jeunes jets à mesure qu'ils poussent. On le détruit tres-difficilement, si ce n'est en frottant les branches de chaux vive détrempée.

R iij

Des Fourmis.

Le moïen de bannir les fourmis d'un arbre, est de faire une ceinture au tronc, de la largeur de quatre doigts, avec de la laine fraîchement tirée de dessous le ventre d'un mouton ; le meilleur est de prendre une ou plusieurs petites bouteilles de verre, d'y mettre du miel, ou une eau mie'ée, & l'attacher à l'arbre, toutes les fourmis entreront dedans, après cela, on emporte ces bouteilles qu'on trempe dans l'eau chaude qu'on a toute preparée, & elles y meurent, il faut ensuite remettre les bouteilles comme à l'ordinaire.

Des Limaçons.

On les cherche derriere les feüilles où ils s'attachent ordinairement, & quand on les y trouve, on les jette à bas, & on les écrase ; ils endommagent beaucoup les fruits, si on n'y prend garde.

Des Perce-Oreilles.

Pour détruire ces petits animaux, on met des ongles de bœuf, mouton

ou porc au bout des échalats qu'on
fiche en terre le long des buiffons ou
contr'efpaliers , parcequ'il n'en n'eft
pas befoin aux efpaliers , puis on
va dés le matin à ces piéges avec un
chauderon , ou autre utencile femblable , & levant promtement les
ongles , & les frapant pour les faire
tomber dans le chauderon , ces bef-
tioles y tombent , & fi-tôt qu'elles
y font , il faut les écrafer.

Des Chenilles.

Quant aux chenilles , elles font
tres-faciles à détruire pendant tout
l'Hyver , ôtant les foureaux attachez
aux branches des arbres , & les jettant au feu.

Si quelque précaution qu'on ait
prife , il eft échapé à nôtre recherche quelques foureaux , & que les
chenilles aïent éclos , il ne faut pas
négliger à les ôter de bonne heure ,
lorfque par la fraîcheur de la nuit ,
ou par quelque pluïe , elles fe feront
toutes amaffées en pelotons; & pour
cela on les fait tomber fur une tuile
ou un bout de planche , puis on les
écrafe avec une palette de bois. Il

R iiij

feroit inutile d'entreprendre ce tra
vail pendant que le Soleil luit, par
ce que pour lors les chenilles fon
difperfées fur les arbres.

Des Arbres languiffans, & comment y remedier.

Quand les arbres font languiffans,
& qu'on n'y a aporté du côté des terres tout le fecours qu'on a crû néceffaire, il faut toûjours les tailler
court, & avant l'Hyver; c'eft une
maxime qu'il ne faut point oublier.
Il ne nous refte plus dans cette partie de cet ouvrage qu'à parler de la
culture des herbes, herbages, & autres chofes qui croffent dans un potager : nous verrons quelles font les
inftructions qui les regardent, après
avoir donné la maniere de garder les
fruits dans la fruiterie, & un catalogue des meilleurs.

CHAPITRE XX.

De la maniere de conserver les fruits dans la fruiterie ; avec quelques remarques sur les raisins curieux.

POur réüssir à conserver les fruits en leur naturel, il est bon de choisir quelque lieu dans la Maison qui soit commode pour en faire une fruiterie, & pour cela, il faut qu'il ait les fenêtres petites à cause de la gelée & du grand chaud, & les tenir toûjours bien fermées, n'y laissant entrer aucun air, ne se servant de la clarté que dans le besoin, & soignant de refermer les volets quand on en sort. Un celier où l'on descendroit trois ou quatre degrez seroit assez propre pour une fruiterie : Il y en a qui font bâtir exprés ces sortes d'endroits, & qui les font voûter, il n'en valent pas pire, parce que le chaud & le froid y ont moins de prise.

Le lieu étant destiné pour la frui-

terie , on le garnit tout autour
tablettes de planches de chêne , a
cas qu'il foit grand , & qu'on pui
faire dans le milieu des monceau
de fruits des plus communs : fi c
lieu eft petit , on fe contentera d'e
mettre de trois côtez , refervant l
quatrieme pour y placer les mon.
ceaux

. Ces planches feront pofées fur des
confoles de bois ou de fer , deux
côt à côte pour y donner la largeur de deux pieds : on y cloüe une
petire lart par devant , crainte qu'en
maniant 'es fruits , ils ne roulent &
ne tombent.

On obervera de laiffer trois pieds
de vuie par le bas , pour mettre
les p'uts monceaux de fruits les
moins beaux , en les féparant nean-
mo'ns chacun felon fon efpece ; on
garnit cette fruiterie de ablettes
jufqu'au plancher , les pofant les
unes fur les autres , & fur les confoles , à la diftance d'environ neuf
poûces , ou davantage fi l'on veut.

Pour plus grande commodité , on
a une efpece de degré de bois aifé à
porter , qui fert à atteindre jufqu'à la

plus haute tablette, quand on visite
les fruits. Une échelle ny une chaise
n'est pas si commode, la premiere
fatigue trop les pieds, & l'autre
quelquefois n'est pas assez stable.

Le tems venu de cüeillir les fruits,
qui est lorsqu'ils commencent à tomber d'eux-mêmes, on se met en
devoir de le faire. On ne peut d'ailleurs fixer un tems pour cela, par
raport aux années qui font plus ou
moins chaudes, & aux terroirs qui
font bien plus hatifs les uns que les
autres, & qui par conséquent re-
culent ou avancent la maturité des
fruits : c'est pourquoi il faut que la
prudence & l'experience en décident.
Les fruits d'Hyver, comme poires
& pomes, ne se cüeillent guéres que
vers la fin d'Octobre, commençant
à faire cette recolte par les fruits les
plus tendres, qui font les beurées,
& finissant par les plus fermes, qui
font les fruits caffans.

Il y a des fruits qui ne veulent se
manger que moux, comme les Cor-
mes, Néfles, Alifes, Azeroles, &
quelques autres. On les laisse sur
l'arbre tant qu'on voïe que tombant

en quantité d'eux-mêmes , on est
obligé de les abattre , pour achever
de les faire meurir sur la paille dans
la fruiterie. Le vrai tems de cüeillir
les *Néfles* est la saint Luc.

Lorsqu'on se met en devoir de
cüeillir les fruits, il faut avoir des
corbeilles d'ozier bien fortes , &
mettre un peu de paille au fond ,
pour empêcher que le fardeau de
celles de dessus , ne froisse contre la
corbeille , celles qui sont dessous.

A mesure que vous détachez un
fruit , faites en le choix , mettant
les gros avec les gros , & les me-
diocres avec ceux qui sont pareils ou
tombez d'eux-mêmes , ou que vous
aurez abattus en cüeillant les autres ; chaque espece en sa corbeille
à part.

Les pomes percées de vers seront
mises au rebut , c'est-à-dire , avec
celles qui tombent ou qui sont
meurtries ; il faut à mesure que les
corbeilles s'emplissent , porter les
fruits qui sont dedans à la fruiterie,
pour les en décharger , & ranger
doucement les plus exquis sur les
tablettes.

Les poires de bon Chrétien demandent en les cüeillant plus d'exac-
titude que les autres. Il y en a qui
aiant choisi les plus belles, leur scê-
lent le bout de la queüe avec de la
cire d'Espagne : ils ont, disent-ils,
leur raison pour en agir de la sorte,
mais bonne ou mauvaise il n'impo-
te, on peut le faire si on veut, &
les enveloper aprés chacune dans
du papier.

Pour les autres fruits exquis tels
que sont le *saint-Germain*, *l'Ec ss̃e-
rie*, *le Colmart*, & autres de ce premier ordre, on n'y fait point tant
de façon ; il suffit qu'ils soient bien
cüeillis & à tems, que la fruiterie
soit bonne, & qu'on ait soin de les
y bien ranger, & de les visiter souvent ainsi que tous les autres : c'est
de ce dernier soin que dépend en
partie leur conservation.

Les *Raisins* de toutes sortes se conservent de plusieurs manieres, ou
en les rangeant simplement sur des
planches, ou en les pendant à des
cerceaux, qu'on attache au plancher,
ou le long des solives, non pas par
la queüe, mais par le bout d'en bas
de la grape.

Il les faudra couvrir par deſſus avec du papier pour les garantir de la pouſſiere, ou bien les pendre dans des armoires qui ferment bien : on prétend que cette derniere maniere eſt la meilleure.

Remarques ſur les Raiſins curieux.

A propos des raiſins, voici quelques inſtructions qui regardent les plus curieux, & que le Lecteur ne ſera pas fâché d'aprendre. Tels ſont les *Muſcats* de pluſieurs ſortes, les *Raiſins Damas*, la *Sciouta*, le *Raiſin de Corinthe*, le *Genetin* & autres.

On les plante comme les autres vignes, à quelque bon abry de mur. Et on les conduit de même : les mouches de toutes ſortes ſont tres-friandes de ces raiſins, & s'y jettent avec ardeur, ce qui ne ſe peut faire ſans leur cauſer un notable préjudice. Pour y remedier, il y en a qui dans le tems qu'ils meuriſſent les envelopent de gaſe ; les loirs, les rats domeſtiques & les foüines n'y courent pas avec moins d'avidité, mais on les en bannit par des pieges qu'on leur tend, il y en a de

plufieurs fortes, dont l invention eſt
tres facile à mettre en pratique.
Voici une liſte de tout ce qu'il y a
de meilleurs fruits, & dont on puiſſe
ſans héſiter, garnir un Jardin.

CHAPITRE XXI.

Catalogue des noms des fruits les
plus exquis, ſelon l'ordre de
leur maturité.

FRUITS ROUGES.

ON entend par fruits rouges,
les *Framboiſes*, les *Groſeilles* &
les *Ceriſes.*

La *Framboiſe* eſt un fruit fort
agreable ; il y a la rouge & la blanche, la premiere eſt plus odorante,
& a le bois plus rougeâtre, cette
plante ſe plaît mieux dans les terres
legeres qu'humides : on les plante
par rayons de deux pieds de l'argeur.

Les punaiſes ſe jettent beaucoup
ſur ce fruit, & le rendent déſagrea-
ble au goût ; on empêche qu'elles
ne s'y attachent, prenant de l'eau
de chaux dont on frotte les bran-

ches des framboifiers quand on les
taille. Cette taille doit toûjours être
courte : il faut ôter le vieux bois qui
meurt toûjours aprés avoir donné
du fruit.

On prepare avec le fucre les framboifes à l'eau commune ; on en fait
une eau particuliere. *Voyez eau de
framboife.*

Elle eft fort en ufage pendant les
grandes chaleurs.

Ce fruit eft humectant, rafraî-
chiffant, & tres-cordial ; il fortifie
l'eftomac & donne bonne bouche.

Des Grofeilles.

Il y en a de plufieurs efpeces, fçavoir la *grofeille verte* à bois épineux ,
elle eft affez connuë fans en rien
dire davantage : on en fait une compote qui eft tres bonne , & qui vient
dans le tems qu'il n'y a point de
fruit ; ce fruit excite l'apetit, rafraîchit, arrête le crachement de fang ,
& le cours de ventre ; il apaife la
foif ; il eft propre aux febricitans
en le mêlant dans leurs boüillons,
& eft plus falutaire lofqu'il eft verd
que lorfqu'il eft mur.

La

La *groseille rouge* de deux sortes, la
commune, & celle *de Hollande* qui est
fort estimée, nous avons encore la
groseille blanche commune, autrement
apellée *Perlée*, & la *groseille blanche de
Hollande*. Cette espece n'est point
sujette à couler.

On fait des buissons de toutes ces
especes de groseilles, qu'on prend
soin de tailler court pour avoir du
jeune bois & de beau fruit : elles
viennent de bouture & de plan enraciné.

Les groseilles rouges & blanches
se mangent crûes avec le sucre pour
en adoucir leur aigreurs, on fait
avec les groseilles une confiture fort
agréable ; elles entrent aussi dans
quelques liqueurs, & on en fait une
eau qui fait plaisir à boire.

Ce fruit est rafraîchissant, humecte & est fort agréable au goût ;
on le mêle dans de l'eau, & on le
fait boire aux febricitans : la groseille
rouge modere les ardeurs de la bile
& des autres humeurs, resserre un
peu & resiste au venin.

Des Cerifes.

Sous ce mot on comprend les cerifes , les bigareaux & les guignes.
Il y a de plufieurs fortes de cerifes ,
fçavoir.

Les Cerifes précoces.

Les Cerifes à bouquet.

Les Griotes.

Les Cerifes hatives.

Les Cerifes de Monmorency.

Les Bigareaux, on n'en connoît que
d'une forte.

Les cerifes fe mangent communément en Eté ; les agriotes au fentiment d'un Medecin moderne font
de toutes les cerifes les meilleures
pour le goût & pour la fanté.

Ce fruit humecte & rafraîchit ; il
lâche le ventre ; il apaife la foif &
excite l'appetit & l'urine ; il eft fpe-
cifique pour les maux de tête : les
noyaux de cerifes ont la vertu de
chaffer la pierre du rein & de la
veffie étant pris interieurement.

On fait d'excellentes confitures
avec des cerifes , on s'en fert pour
faire du ratafiat & de l'eau clairette ;
on fait fécher des cerifes pour les
garder.

Lifte des Prunes.

La prune eſt un des fruits le plus
utile qu'on puiſſe avoir dans un
Jardin ; il ſe mange crû ou cuit ,
ſoit au four, ſoit en confitures , en
compote & autrement : il y en a un
grand nombre de belles & de bonnes eſpeces ; on commence à manger des prunes dés le mois de Juillet, juſqu'en Octobredans les années
un peu chaudes; car lorſqu'elles ſont
pluvieuſes & froides, ce fruit en ce
mois y eſt tres inſipide : voici celles
qui meritent être le plus eſtimées ,
le *gros damas noir* , cette prune quitte
le noyau, elle a la chair jaunâtre ,
& fort ſucrée ; l'experience nous a
fait remarquer qu'elle veut être greffée & miſe contre le mur en eſpalier,
étant ſujette à couler en plein vent.
Il y a le petit *damas noir* qui n'eſt
pas ſi excellent , & qui vient peu
aprés.

Le *Poitron* , c'eſt une groſſe prune
longue , d'un rouge brun , elle ne
quitte pas le noyau ; elle a un petit
goût aigrelet, que quelques uns eſti-
ment, lorſqu'ils la mangent ; on

s'en fert en confitures & en marmelade : cette Prune eft rare aux environs de Paris ; il feroit pourtant à
propos d'en avoir quelque arbre
dans un Jardin étant hative & de
bon raport : il y a auffi le *poitron
blanc*, dont l'eau eft plus fucrée.

Prunes de Dama rouge, eft un excellente prune, elle quitte le noyau,
& a l'eau des plus fucrées.

Le *Damas blanc* eft rond & petit,
quitte auffi le noyau , & eft tres-
bonne prune.

Le *Damas violet* eft plus gros &
plus long ; il a l'eau plus relevée &
eft plus recherché.

Le *Damas gris* ou d'*Abricotvert* eft
encore plus gros que les precedens,
c'eft une excellente prune à manger
crûë.

La *Prune d'abricot*, il y en a de
plufieurs fortes , fçavoir la *jaune*,
elle eft groffe & longue , c'eft celle
qu'on eftime le moins, la *rouge* eft
plus groffe, elle a le goût d'abricot,
& la *blanche* qui eft groffe auffi,
ronde & d'une eau tres-excellente.

La *Prune diaprée*, eft violette,
longue & fleurie , elle quitte le

noyau , & est fort hative ; c'est la plus délicieuse de toutes les prunes; il y a d'autres Diaprées qui ne sont pas si estimées.

La *Mirabelle*, cette prune est grosse comme un petit damas, elle quitte le noyau & est fort sucrée ; elle est meilleure en confiture que crûë, elle vient mieux de sauvageon que lorsqu'elle est greffée, il y a la grosse & la petite mirabelle.

La *Prune de drap d'or*, est marquetée de rouge , elle quitte le noyau , & a l'eau fort sucrée.

Le *Perdrigon*, est une prune blanche, grosse & un peu longue, on la mange crûë ou en confiture ; il y a aussi le *Perdrigon violet*, qui est le plus estimé; il a la chair ferme, & l'eau sucrée, on le mange aussi en confiture si on veut, ou crû; il y a encore d'autres perdrigons, mais ils ne valent pas les premiers.

L'Imperiale est grosse , rouge, longue , tres-fleurie & d'un goût fort relevé ; c'est une des meilleures prunes qu'il y ait.

La *Prune royale* est grosse & ronde, d'un rouge clair , fort fleurie & d'une eau fort sucrée.

Le *Damas d'Espagne* eſt une prun
rouge & ronde, fort groſſe & quitt
le noyau ; ſon arbre charge beau
coup.

Le *Moyeu de Bourgogne*, c'eſt une
prune longuette, jaune dedans &
dehors, on l'employe pour faire des
confitures, elle n'eſt point bonne
autrement,

L'*Iſle verd* eſt une prune tres-
longue & menuë, meilleure en confiture que crûë.

La *Prune de Monſieur* eſt une prune violette aſſez groſſe, dont la chair
eſt jaune, elle quitte le noyau & a
l'eau fort ſucrée quand les années
ſont chaudes.

La *Mignone* eſt une prune groſſe
& longue, blanche & marquetée de
rouge ; elle quitte le noyau & a
l'eau tres excellente.

La *Reine-Claude*, reſſemble à un
damas blanc ; cette prune eſt ronde
& un peu platte, & quand elle meurit tard, c'eſt une prune des plus
eſtimées.

La *Prune Datte*, eſt de deux fortes ; il y a la blanche & la rouge ;
elles quittent le noyau, & ſe gar-

dent long-tems sur l'arbre, & cüeil-
lies, on les mange crûës & en pruneaux.

La *Sainte-Catherine* est une grosse
prune blanche, plus platte que longue ; il est rare qu'elle quitte le
noyau, elle a l'eau sucrée, & meilleure en pruneaux que crûe.

Le *Saint Julien*, c'est une prune
d'un violet foncé, elle ne quitte
point le noyau, & se fane sur l'arbre sur lequel elle reste jusqu'à ce
qu'il gele.

L'*Imperatrice* est un gros damas
violet, qui est rond, tres fleuri &
qui charge beaucoup ; cette prune
a la chair jaune & l'eau excellente.

Le *Damas violet* est long & bien
fleury ; c'est une prune tres-excellente, & qui se mange fort tard.

Les prunes humectent, rafraîchis-
sent & lâchent le ventre ; elles apaisent la soif & donnent de l'apetit ; on
en confit & on en fait sécher au four.

Des Abricots.

Il faut convenir que l'Abricot est
un fruit tres-excellent & dont on
fait d'autant plus de cas, qu'il vient

presque des premiers ; il y en a de deux sortes, sçavoir.

Le *petit Abricot*, qui vient le premier, & *l'Abricot* ordinaire. Un Auteur moderne en matiere de medecine, dit que les Abricots sont des fruits tres agréables au goût & dont on se sert plûtôt pour le plaisir que pour la santé ; il dit neanmoins qu'ils sont humectans & rafraîchissans, qu'ils excitent l'apetit, & qu'ils provoquent l'urine & les crachats; qu'ils sont bons pour l'estomac, & que l'infusion d'abricot est tres-bonne pour calmer les ardeurs de la fiévre.

On confit les Abricots, on en fait sécher au four ou au Soleil pour les conserver & pour s'en servir en Hyver : on en met aussi en compote; quand ils sont verds ou meurs ; on peut voir comment cela se fait à chaque article où il en est traité.

Des Pêches.

Avant-Pêche musquée, elle est blanche, & a l'eau fort sucrée ; c'est la premiere qui se mange.

Pêche de Troye, elle a la chair rouge; elle est assez grosse, d'un fin relief,

&

& se sert presque en même tems que la precedente.

Pêche Magdelaine, c'est une grosse pêche ronde & qui a la chair rouge, son eau est fort sucrée.

Pêche Magdelaine blanche, elle est encore plus grosse que la precedente, & n'est pas si délicate.

Pêche Royale, est rouge, plus longue que ronde, elle a peu d'eau.

Pêche Chevreuse, elle est d'un rouge fort vermeil, son eau est fort sucrée & relevée, elle est un peu longue & d'une grosseur raisonnable.

Pêche d'Italie, elle est plus grosse que la précedente & plus pointuë, au reste c'est une pêche d'un fin relief.

Pêche Chanceliere, elle est fort grosse, & une des meilleurs Pêches qu'il y ait.

Pêche Bourdin, elle est toute ronde, fort rouge & d'une mediocre grosseur; on prétend qu'elle est meilleure en plein vent qu'en espalier.

Pêche violette, elle est plus longue que ronde, c'est une pêche qui charge beaucoup, & dont l'eau est fort relevée & qui est hative.

T

Pêche violette tardive, elle est grosse, belle à voir & d'une eau tres relevée; quand l'Autonne est belle on la mange en Octobre.

Pêche Admirable, elle est grosse, belle & tres bonne, de figure presque ronde, & tres-fondante.

Pêche pourprée, autrement ditte *Pêche nivette*, elle est presque ronde, d'un rouge foncé, fort charnuë & d'un fin relief.

Pêche d'Andilly, est tres grosse, ronde, charnuë, blanche dehors & dedans, & d'une eau fort sucrée.

Pêche Persique, est une Pêche tres-grosse, plus ronde que longue, elle est rouge & pointuë, avec de petites bosses sur la peau; c'est une bonne Pêche, pleine d'eau, qui charge beaucoup à plein vent.

Pêche Bellegarde, elle est belle, grosse & ronde, sa chair est peu rouge dedans & dehors, elle est tres-bonne & assez tardive.

Pêche Rossane, elle est jaune dehors & dedans; elle vient excellente dans les climats un peu chauds.

Pêche Belle-de-vitri, est une tres grosse Pêche camuse, charnuë plei-

ne de boffes, elle eft tardi e & des
plus excellentes.

Pêche de Pau, eft une bonne Pêche,
fujette neanmoins à pourrir dedans.

Pêche mignone, eft une Pêche qui
eft plus plate que ronde, elle eft
affez groffe & fort colorée dehors &
dedans, c'eft une excellente pêche.

Brugnon mufqué, c'eft une groffe
Pêche qui eft tres-excellente & dont
l'eau eft fort relevée.

Aberge, il y en a de trois fortes,
fçavoir, l'Alberge jaune, la rouge
& la violette ; la premiere eft la
plus excellente.

Outre que les Pêches font des
fruits qui flatent beaucoup le goût,
elles ont encore la proprieté de corriger les haleines puantes, par leur
odeur agreable ; elles rafraîchiffent ;
elles humectent & lâchent le ventre ; il y en a qui mangent les pêches avec du fucre, on prétend
qu'étant ainfi mangées, elles en font
plus falutaires. On en mange de
confites comme on a dit ; on mange
ordinairement les pêches dans du
vin : on fait auffi fécher des pêches
au four ou au Soleil, aprés leur

avoir ôté la peau & le noyau, &
c'eſt ainſi qu'on peut les conſerver
long-tems ; on en fait auſſi une compote.

Des poires d'Eté.

Petit muſcat, ou *ſept en gueule*, cette poire eſt d'eſpece hative ; elle
eſt en ſa maturité dés la fin du mois
de Juin & au commencement de
Juillet.

La Cuiſſe-Madame, eſt menuë &
longue, d'un rouge gris, elle a la
chair ferme, & l'eau fort ſucrée.

Le gros & petit Blanquet, ſont des
poires excellentes, & dont l'eau eſt
fort relevée ; elles ſont toutes deux
jaunes & ſe gardent aſſez.

L'Amiré, eſt une petite poire ronde, tres muſquée & ſucrée.

L'Amiré Joannet, eſt plus petite &
plus longue, & ſe mange vers la
Saint-Jean.

Le *Muſcat robert*, eſt une petite
poire fort jaune & ambrée, d'un bon
goût, & qui charge beaucoup.

La *Poire à deux têtes*, eſt ronde,
verdâtre, elle a beaucoup d'eau, &
eſt excellente poire.

L'Oignonet, il y en a de deux sortes, le gros & le petit ; elles sont rondes, plattes & jaunes, elles ont l'eau relevée.

Le *Citron des Carmes*, se mange en Juillet & en Août.

Le *Rousselet de Reims*, est une poire brune & musquée, & qui est excellente.

Le *petit Rousselet*, est une petite poire longuette rousse & jaune, & qui prend quelquefois un peu de rouge, du côté que le Soleil frape dessus.

La *Cassolette* ou *friolet*, c'est une poire longue & verdâtre, dont l'eau est musquée, & d'une chair tendre.

La *Bergamote d'Eté*, ou Milan de la beuvriere, est une grosse poire verte, brune & fondante, semblable à la Bergamote d'Autonne, elle est tres-bonne.

La *Fondante de Brest*, est longuette & bonne poire, charge beaucoup & ressemble assez à la deux-têtes.

La *Poire d'Orange*, est jaune, & un peu rougeâtre; quand elle est meure, elle veut être mangée a point, autrement elle devient cotoneuse.

Le *Léche Frion*, est une poire un peu longue, d'un gris rouge, elle charge beaucoup & est bonne.

La *Robine*, est une poire platte & ronde ; elle est cassante, d'un goût musqué & des meilleures ; il y a la grosse & petite robine.

Le *Bon Chrêtien d'Eté musqué*, il est plus rond & plus petit que le bon chrétien d'Eté ordinaire ; il a la peau lice & la chair dure, d'un goût fort relevé & d'une eau fort sucrée.

Le *bon Chrêtien d'Eté ordinaire*, autrement dit, *Gracioli*, est une grosse poire jaune, tendre, lice & longue, pleine d'eau, bonne & sucrée.

La *Poire de Chartrain*, grosse poire tachetée de petites marques rousses, inconnuë aux environs de Paris, tres-commune en Bourgogne, & tres bonne poire, à demi beurrée, particulierement dans les terres legeres ; mais pour cela il faut la manger dans son point de maturité, autrement elle est cotoneuse.

Poires d'Autonne.

La *Verte-Longue*, ou *Mouille-bouche*, est une poire longue & verte, quoique meure, elle est fort beurrée & fondante, & d'une eau tres-relevée.

La *Verte-longue suisse*, son bois est rayé de jaune & de verd, & son fruit est tres panaché, c'est une tres-bonne poire.

La *poire d'Angleterre*, est longue & pointuë, plus blanche que jaune, elle est tres beurée.

Le *Beurré rouge*, est une grosse poire longue, non pointuë, fort colorée, tres-beurrée, d'une eau fort sucrée & d'un bon relief, elle meurit hors de l'arbre.

Le *Beurré gris*, est une poire assez connuë, & pour en avoir qui se garde long tems, il faut le laisser sur l'arbre jusqu'à ce qu'il tombe de lui même & en mettre quelques arbres au Nord ou au couchant.

Le *Beurré blanc*, autrement dit *Doyenné*, est une grosse poire qui a la couleur d'un citron, & qui est tres-fondante.

Le *Messire-Jean*, il y en a de trois sortes, le *doré*, le *gris* & le *blanc*, celui-ci est le plus hâtif, le plus tendre & qui a l'eau moins sucrée. Le

Meſſire-Jean doré eſt d'un goût plus relevé, & le Meſſire-Jean gris eſt plus tardif, l'eau en eſt fort ſucrée.

Le *Sucre-verd*, eſt une poire aſſez groſſe, qui reſſemble à la verte-longue, excepté que cette poire eſt plus courte ; elle eſt toûjours verte & tres beurrée.

La *Bergamote commune*, eſt une tres-groſſe poire verte, licée, platte, tres-beurrée & fondante, qui meurit hors de l'arbre & devient jaune, en meuriſſant elle ſe garde aſſez long tems.

La *Bergamote Suiſſe*, eſt une poire platte, toute rayée de verd & de jaune, elle eſt fort beurrée & d'une eau tres relevée.

Le *Petit oing*, eſt une poire un peu groſſe, preſque ronde, de figu-re inegale, plus verte que jaune, & des plus beurrées.

La *Belliſſime d'Autonne*, eſt une poire groſſe, tres longue & pointuë, d'un rouge vermeil, d'une eau fort ſucrée & à demi beurrée.

Le *Poire de Lanſac*, ou la *Dauphine*, eſt une petite poire ronde, licée & jaune, des plus fondantes &

des meilleures, elle se mange pendant un long-tems.

Poires d'Hyver.

La *Virgouleuse*, est une grosse poire longue & verte, qui jaunit en meurissant ; elle est beurrée, d'une eau tres-agréable.

L'*Ambrette*, est une poire ronde, verdâtre & grise dans les terres fortes, & blanchâtre dans les terres legeres ; elle est beurrée, & a l'eau d'un fin relief.

La *Marquise*, c'est une poire grosse & verte, qui jaunit en meurissant, & qui a assez de rapport au bon chrêtien d'Hyver ; elle a la queuë longue & menuë, l'eau douce & musquée ; c'est un fruit beurré.

La *Poire d'Epine*, est une poire verte, presque ronde, aïant une petite tête vers la queuë ; elle est d'un goût musqué, tres beurrée & d'un fin relief.

La *Loüise-bonne*, est une poire fort grosse faite en maniere de perle, blanchâtre & tres beurrée quand on ne se presse pas de la manger.

Le *Martin-sec*, est une poire plus

longue que ronde, d'un rouge gr marquetté, d'une eau fort relevé & fucrée, elle charge beaucoup, e fe mange pendant un long-tems.

Le *Curon mufqué*, eft prefque rond, jaune & rouge, l'eau eft d'un goût fort relevé.

Le *Bon Chrétien d'Efpagne*, eft une groffe poire longue, d'un beau rouge, & dont l'eau eft fort agréable.

La *Poire de Jaloufie*, eft une groffe poire jaune, un peu pointuë vers la queuë; elle eft fort beurrée & d'un relief tres-fin.

Le *Bezy quaiffoy*, eft petit & prefque rond, beurré & de couleur brune.

La *Rouffeline*, eft une petite poire un peu longue, pointue & jaune, d'un beurré tres-fin & d'un goût mufqué.

La *Bergamotte Crafane*, eft une poire groffe & platte, d'un gris jaunâtre, tres-beurée & d'une eau fort relevée & fucrée.

L'*Echafferie*, eft une poire affez groffe, un peu ovale, jaune, d'un fin beurré, & d'une eau mufquée.

La *Poire de Satin*, eft prefque ron-

Le *Jardinier François.* 227

de , blanche & fatinée , elle a la chaire fondante & l'eau tres-fucrée.

Le *Colmar*, eft une groffe poire prefque ronde ; elle eft beurrée & d'une eau fort relevée.

La *Merveille d'Hyver*, eft d'une figure ronde , de figure inégale, d'un beurré fin, un peu verdâtre, & d'une eau fort relevée.

Le *Franc-réal*, eft une groffe poire prefque ronde, d'un jaune marqueté : c'eft une poire bonne à cuire & dont on fait des compotes.

Le *Saint Germain*, eft une groffe poire longue, & tres beurrée, affez femblable à la virgouleufe ; cette poire eft tres excellente.

Le *Certeau*, eft une poire longue & menuë, jaune & rouge, bonne en compote.

Le *Bon Chrétien d'Hyver*, qui eft de deux fortes, fçavoir, le *doré*, qui eft le plus tendre & le premier meur , & le *bon Chrétien d'Auche*, qui eft tres long : ce fruit eft fujet aux tigres, fi on le met le long d'un mur expofé au Midy.

L'*Orange d'Hyver*, eft une groffe poire ronde, verte fur l'arbre & qui

jaunit en meuriffant ; elle a l'ea
fort fucée & tres-relevée.

Le *Rateau gris*, ou poire de livre
eft une groffe poire bien excellente
à cuire.

La *Paftorale*, eft une poire jaune
licée & longue, fondante & d'un
relief tres fin, elle fe garde long-
tems.

La *Bergamote bugy*, eft une groffe
poire prefque ronde, & un peu menuë vers la queuë, d'un jaune verd
& tres beurré.

Le *Saint Lezin*, eft une poire longue & verte, elle jaunit en meuriffant ; elle a l'eau mufquée, elle eft
fort délicate à garder, quoique fort
tendre de fon naturel.

L'*Angelique*, cette poire eft groffe,
longue & fe mange fort tard ; on
l'appelle autrement le Saint Martial.

Le *Bezy de Chaumontel*, eft une
groffe poire beurrée, dont l'eau eft
tres-relevée, ce fruit va fort loin.

La *Bonne de Soulers*, eft une poire
femblable à la Bergamote d'Hyver;
elle eft tres beurrée, d'un fin relief
& fe mange des dernieres.

Il y a comme on peut voir, un

grand nombre d'efpeces de Poires differentes les unes des autres, tant en couleur, en groſſeur qu'en goût & en odeur. Les poires ont beaucoup de proprietez ; elles excitent l'apetit, fortifient l'eſtomac ; cependant l'uſage des poires eſt mauvais pour ceux qui ſont ſujets à la colique.

Pour rendre les poires de plus facile digeſtion, on les fait cuire avec du ſucre, ſoit en compote ou autrement ; on mange ordinairement les fruits au déſſert, on en fait rſecher au four, on en met en confiture.

Des Pommes.

Les Pommes ſont des fruits aſſez connus & fort en uſage parmi les alimens : ces fruits ſont de garde, ce qui fait qu'il faut en avoir dans les Jardins ; il y en a de pluſieurs ſortes : voici quelles elles ſont.

La *Paſſe-Pomme*, c'eſt la premiere qui ſe mange de toutes les pommes; elle eſt tendre & d'une chair tresſeche.

La *Calville d'Eté*, eſt rouge dehors & dedans, c'eſt une tres excellente pomme, dont on fait des compotes.

Le *Rambour*, est une pomme rayée, ronde, grosse, hâtive & foüetté de rouge ; il y a le Rambour blanc, qui est gros & plat, & dont l'eau est excellente.

La *Reinette blanche*, est d'une substance fort tendre & d'une eau mediocrement relevée.

La *Reinette rousse*, est plus grosse & plus ferme, son eau est d'un plus fin relief, & se mange pendant long-tems.

La *Reinette grise*, est la meilleure de toutes les pommes ; elle a la chair plus ferme, l'eau plus sucrée & relevée, & se mange jusque vers la Saint Jean.

La *Reinette d'Angleterre*, est une pomme qui est tres-belle & grosse ; elle a la peau blanche, licée, elle est de figure plus ronde que longue, d'une eau fort sucrée & d'un fin relief ; elle se mange pendant un long-tems.

La *Calville*, est une pomme fort grosse, licée, d'une chair fort tendre & de bon goût ; elle est rouge dedans dans les terres legeres, & dans les terres fortes & humides, elle a la chair blanche, & n'est pas si bonne.

La *Calville blanche* à côte, est une tres-belle pomme, de bon goût, & qui se garde long-tems.

Le *Cour pendu*, est une pomme grise ; il a l'eau tres bonne & se mange pendant un long-tems.

Le *Chataignier*, est une grosse pomme blanche, rayée de rouge dont la chair est ferme, blanche & de bon goût.

Le *Courpendu rouge*, est petit ; mais au reste c'est une pomme tres-agréable à manger.

La *Bardin*, est une pomme d'une grosseur mediocre, platte & d'un gris fonds rouge, d'une eau fort relevée & musquée ; elle se mange jusqu'à Noël.

Le *Fenoüillet*, il y en a de deux sortes ; sçavoir le *gris* qui ne sent point lorsqu'on le mange, & le *Fenoüillet* blanc, qui est tres rare, & qui a l'eau aussi relevée.

La *Pomme d'Apis*, est une pomme fort à la mode aujourd'huy ; elle n'a point d'odeur ; elle est ronde, jaune & d'un beau rouge du côté où elle est frapée du Soleil ; elle a l'eau fort douce & fort agréable.

La *Pomme de drap d'or*, ainsi apelée parce qu'elle a la peau tachetée de marques semblables à de l'or ; c'est une espece de Reinette, tres-excellente & qui dure long-tems.

La *Reinette de Bretagne* est encore une excellente pomme.

Toutes les Pommes ont de tres-grandes vertus ; elles sont pectorales ; elles excitent le crachat ; elles apaisent la soif & la toux ; elles lâchent le ventre ; elles sont aperitives & rafraîchissantes ; elles ne sont point propres aux personnes qui ont l'estomac debile.

Les Pommes cuites sont meilleures pour la santé que les crûes, & celles qu'on mange l'Hyver sont plus saines que les autres qui se mangent plûtôt ; plus les pommes sont dorées, plus elles sont salutaires : on fait une gelée de pomme qui est tres excellente ; on met sécher les pommes au four, comme les poires, & on les apelle pommes tapées.

Un

Un curieux aura lieu d'être content du choix des fruits dont on vient
de donner des listes ; tâchons à le
satisfaire sur ce qui nous reste à trai-
ter du Jardin potager , comme on
a déja fait dans tout ce qui a été
dit cy-devant.

CHAPITRE XXII.

LE JARDIN POTAGER

Des Melons , Comcombres &
autres semblables fruits de
Jardin.

NOus avons déja parlé des differentes fortes de terres , &
comment on pouvoit les connoître,
qui font des conditions tres nécessai-
res pour avoir un bon potager ;
nous avons aussi dit quelque chose
des arrosemens & des labours qui
y convenoient : voyons à present de
quelles parties ce Jardin doit être
composé , & commerçons par la
Meloniere & les fruits qu'on y éleve.

De la Meloniere.

Pour bien dreffer une melonier
dans les formes, vous choififfe
dans l'enceinte du Jardin le lieu l
plus à l'abry du mauvais vent, qu
vous fermez d'une efpece de mu
fait avec de la grande paille, & ou
vous aff rmiffez, & arrêtez avec d
bons pieux fichez en terre & à côté,
crainte que les vents ne la renver-
fent. Il y aura une porte qui fer-
mera à clef pour en empêcher l'entrée à toutes fortes de perfonnes.

Dans cet efpace de terre qui
fera de telle grandeur que vous le
fouhaiterez, & clos comme on vient
de le dire, vous ferez vos couches
avec du fumier de cheval, amaffé
durant l'Hyver, à mefure qu'on le
tire de l'écurie, & mis en monceau
proche ou dans la Meloniere même.

Dés le mois de Janvier, on commence à dreffer les couches pour
les premieres falades, prenant du
fumier forti tout récemment de
deffous les chevaux, qu'on mêle avec
celui qui eft en monceau, afin que
le premier réchaufe l'autre.

De la maniere de faire les couches.

Ces couches se font de toute la longueur de la Meloniere, de quatre pieds de large, & d'autant de haut, laissant un sentier tout autour pour y remettre du fumier chaud quand on s'aperçoit que les couches peuvent avoir perdu presque leur chaleur, & qu'elles semblent morfondües.

Une couche pour être bien dressée doit être égale par tout & bien foulée aux pieds ; on met par dessus environ l'épaisseur de huit à neuf poûces de terreau, qu'on épanche uniment ; on acheve de dresser cette couche tout à l'entour en tenant à son bord un ais sur le côté, & foulant un peu le terreau avec la main contre l'ais.

Les couches doivent toûjours être dressées six jours avant que d'y semer les graines, afin que la grande chaleur du fumier se dissipe pendant ce tems-là, & qu'il ne leur en reste qu'une moderée, ce qu'on éprouve en fourrant le doigt dans le terreau.

Quand une couche est en bon

état, on seme les graines de laitües
sur celles qu'on aura faites au mois
de Janvier, avec un peu de *cerfeüil*,
pour avoir des premieres salades.
Puisque nous sommes sur cet article,
nous ne le quiterons point que nous
n'aïons dit ce qu'on doit observer à
l'égard de ces premieres laitües,
puis nous reviendrons aux Melons.

Comment avoir des laitües promtement.

Pour faire que les laitües levent
promtement, on en met tremper la
graine dans l'eau pendant vingt-
quatre heures, puis on la met dans
un sachet de toile en quelque lieu
chaud, pour la laisser égouter, afin
que le germe soit formé avant qu'on
la seme.

Elle veut être semée fort épaisse,
& en raïons faits avec le manche
de la bêche, ou quelque bâton
aprochant de cette grosseur : on couche pour cela ce bâton sur le terreau,
on apuïe dessus, en sorte qu'il entre presque tout à fait, puis on seme la laitüe, qu'on recouvre aussi-
tôt, & par ce moïen on a de belle
salade en peu de tems. On peut faire

aussi tremper la graine de cerfeüil qui levera bien vîte ; voilà pour ainsi parler, l'emploi des couches qu'on fait en Janvier, car il est trop-tôt pour semer les Melons.

Ce n'est que vers le quinze ou le vingt du mois de Février que ce tra-vail se fait , sur d'autres couches dressées comme celles dont on vient de parler. Il faut que la graine de Melon trempe vingt quatre heures avant que d'être mise en terre , & faire choix de la meilleure , & de la mieux nourrie.

Pour semer cette graine avec mé-thode, on fait de petits trous sur le terreau avec le doigt, profonds d'en-viron un bon poûce & distant l'un de l'autre de trois à quatre ; chaque trou contiendra deux ou trois se-mences, sauf à en éclaircir le plan , au cas qu'elles levent toutes.

Vous couvrez proprement ces graines de bonnes cloches de verre , avec des paillassons par dessus pen-dant les frimats, qui sont fort sujets à les détruire ; quand on les y laisse exposées. Ces paillassons doivent être apuïez sur des traverses de bois

de la groffeur d'un échalats , lefquel
les font foûtenuës avec des fourchet
tes fichées en terre au bord de l
couche.

On laiffe environ quatre poûces
d'efpace entre les paillaffons & la
couche ; & en cas qu'il furvienne
quelque gelée, nége ou autres frimats, il faudra couvrir tout l'efpace qui fera entre la couche & les
paillaffons avec du grand fumier
chaud, jufqu'à ce que le mauvais
tems foit paffé.

Si vôtre graine par malheur avoit
trouvé la couche trop chaude, &
qu'elle ne fût pas levée en peu de
tems , vous en femerez d'autre , foi-
gnant de réchaufer vôtre couche par
les côtez avec du fumier de cheval,
forti récemment de l'écurie.

Quand les Melons font levez, on
leur laiffe croître jufqu'à quatre ou
cinq feüilles , puis on les replante
fur d'autres couches conftruites comme les précédentes ; & pour cela,
on fait des trous au milieu de ces
couches de quatre en quatre pieds,
& on y plante des Melons, levez
en motte avec la houlette de Jardinier.

Le soir à Soleil couché & aprés,
est le vrai tems de planter les jeunes
Melons : Il faut choisir un beau jour,
le plan s'en portera mieux. Vous
couvrirez ces plans de maniere qu'ils
ne voïent de quatre jours le Soleil,
vous les arroserez les premiers jours
aprés qu'ils auront été transplantez,
afin qu'ils reprennent plus vîte.

On y laisse les cloches de verre,
jusqu'à ce que le fruit soit déja gros,
& autant de tems que le fruit pourra
tenir sous la cloche, laissant toûjours
un peu d'air entre la cloche & la
couche, crainte que ces plans n'é-
touffent.

Depuis les dix heures du matin jusqu'à quatre aprés midy, il est bon de
lever les cloches de dessus les Melons
pour les fortifier contre le mauvais
tems, en cas qu'ils soient déja forts,
& de les recouvrir sur le soir.

Lorsqu'on voit que le plan languit & ne profite pas bien, on l'arrose à demi pied prés de sa racine
avec de l'eau où l'on aura fait infu-
ser de la fiente de pigeon.

A mesure que les Melons prennent des forces, on prend soin d'en

châtrer les principaux jets, & lorſqu'il y a trois ou quatre Melons
noüez ſur chaque jet, on arête ſa
traînaſſe à un nœud au-deſſus de celui où eſt le fruit.

Il eſt important de bien étendre
ſur la couche de côté & d'autre les
jets des plans, afin de donner plus
d'air aux jeunes Melons. Quand ils
ſont gros comme le poing, on ceſſe
de les arroſer, ſi ce n'eſt dans une
exceſſive ſechereſſe, que les fuïlles
ſe fanent & jauniſſent; en ce cas un
peu d'eau à chaque pied languiſſant
ne peut que leur bien faire.

Pour que le fruit ne ſente point
le terreau, on met des tuileaux deſ-
ſous, il en meurit auſſi plus volontiers ; quoique ſans ce ſecours, on
ne laiſſe pas de voir des Melons
parvenir à une maturité parfaite &
ne contracter aucun goût de fumier.

Tout petit jet inutile doit être ro-
gné, ſi ce n'eſt que le fruit ſoit trop
découvert, & qu'il ait beſoin de
quelques feüilles pour favoriſer ſon
accroiſſement.

Pour ſçavoir quand un melon eſt
bon à cuëillir, on regarde à la queüe,
qui

ui femble alors vouloir fe détacher
u fruit, s'il jaunit en deffous, c'en
ft encore une marque, ainfi que
uand le petit jet qui eft au nœud,
e deffeche, & lorfqu'en le fleurant,
n y trouve de l'odeur.

Les Melons brodez font ordinai-
ement douze ou quinze jours à fe
açonner, avant que d'être meurs ;
es autres jauniffent quelques jours
uparavant que de les cüeillir.

Si c'eft pour envoïer au loin,
ous cüeillirez vos Melons dés
u'ils commenceront à tourner, ils
'acheveront de meurir en chemin.
i c'eft pour manger promtement,
l faudra les cüeillir dans leur par-
aite maturité, les mettant dans un
eau d'eau fraîche tirée du puits, &
es laiffant rafraîchir comme on fait
e vin ; leur goût fe perfectionne
ar ce moïen.

On doit s'affujetir à vifiter la Me-
oniere au moins quatre fois le jour
u tems de leur maturité, autrement
  arriveroit qu'il y en auroit qui
ourneroient trop, & qui perd-
oient par-là de leur relief, étant
rop molaffes & aqueux.

X

Du choix des Melons.

Pour choisir un bon Melon, il
faut qu'il ne soit ni trop vert ni trop
meur, qu'il soit bien nourri, aïant
la queüe grosse & courte, pesant à
la main, ferme en le pressant & non
mollasse, sec & vermeil par dedans,
& qu'il sente comme un goût de
gauderon, quand on le porte au nez.

Des Concombres.

Ils se sement comme les Melons
sur couche & en même tems, & on
les transplante de la même maniere;
on en met en pleine terre dans le
mois de May. Ils veulent être beaucoup arrosez pour donner quantité
de fruits ; on coupe les jets superflus,
& ceux qui n'ont que des fausses
fleurs.

Il ne faut pas tant les dégarnir de
feüilles que les Melons, si on veut
que leur fruit grossisse eu peu de
tems ; ils aiment la fraîcheur : on
seme aussi les concombres dans des
trous remplis de terreau sans autre
façon.

On ne cüeille les concombres

qu'à mesure qu'on en a befoin, dautant qu'ils groffiffent toûjours. Le
veritable tems de les manger bons,
eft auparavant qu'ils commencent
à jaunir, car aprés ils ne font que
durcir.

Des Citroüilles.

Les citroüilles fe fement en trous
remplis de terreau ; on les met en
un endroit du Jardin fort fpacieux à
caufe qu'elles étendent leurs bras
fort au loin fans donner du fruit : il
faut les tailler comme les Melons &
ne leur ôter que les petits bras,
laiffant courir le maître jet fans l'arrêter ; dautant que c'eft lui qui produit le plus beau fruit ; on en conduit proprement les jets fur terre,
laiffant des fentiers pour les cerfoüir
dans le befoin, les farcler & les
arrofer.

Les trous dans lefquels on les
tranfplante, doivent avoir deux toi-
fes de diftance entre eux : les citroüilles fecüeillent lorfqu'elles font
bien Aoûtées, c'eft-à dire dans leur
maturité : on en mange dés le mois
d'Aoûr & on peut les laiffr fans

les cüeillir jufqu'à ce que les pr͏ͅ
mieres fraîcheurs fe faffent fentir
c'eft ordinairement le matin que ce
fe pratique, puis on les met effuïe
en monceaux à la chaleur du jour
pour les ferrer aprés dans un endro
temperé, & fur des planches fans f
toucher ; il faut fur tout les préfer
ver de la gelée, car elles fe pouri
roient toutes.

Les *Potirons, Bonnêts de Prêtres*
Trompettes d'Efpagne, Courges & au
tres fruits femblables, fe cultiven
de même que les citroüilles, excepté
qu'il y en a parmi eux qui veulent
des apuis comme des pois ; mais on
juge bien qu'ils doivent être plus
forts à caufe de la pefanteur du fruit
des premiers.

La graine de citroüilles fe ramaffe
à mefure qu'on mange les fruits;
on la laiffe fécher à l'air, puis on la
ferre où les rats ne puiffent point l'endommager ; il faut en faire la même
chofe à l'égard des graines de Melons & Concombres.

CHAPITRE XXIII.

es Artichaux, Cardons d'Espagne & Asperges.

L y a de deux fortes d'artichaux, les *violets* & les *verds*. Les œille-ons qui font à côté des vieux pieds ervent de plan ; il faut les mettre n bonne terre, bien meuble & bien mandée. C'eſt ordinairement au ois d'Avril & aprés que les gelées ont paſſées que les œilletons ſe lantent, aprés les avoir ſéparez de eur mere avec le plus de racines u'il eſt poſſible, pour en faciliter a repriſe : s'ils ſont forts, ils don-ieront du fruit dés l'automne ſui-vant.

Ils ſe plantent à quatre ou cinq ieds l'un de l'autre, ſelon la bonté de la terre, & il eſt bon, crainte qu'il n'en manque quelques-uns, d'en mettre toûjours deux, à qua-tre bons doigts l'un de l'autre, d'eſ-pace en eſpace ſous le trait du cor-deau, à condition, s'ils reprennent

X iij

tous deux, d'en ôter le plus foib

Ils ne veulent autre culture ava
l'Hyver, que d'être labourez
tems en tems, pour aiderleurs rac
nes à s'étendre, & en bannir l
méchantes herbes.

Quand l'Hyver est venu, on
foin de les couvrir avec du grar
fumier pour les préferver de la g
lée; il est bon de les buter dans l
terres legeres & fabloneufes feule
ment; car en agir ainfi dans le
fonds humides, c'est rifquer de le
faire pourrir.

On butte les artichaux, & on le
couvre le plus tard qu'on peut, pre
nant garde néanmoins de ne pas
être furpris par les fortes gelées.

Pour avoir du fruit en Automne,
il ne faut que couper la tige de ceux
qui auront porté du fruit dés le
Printems; on doit aprés cela les entretenir de labours, les arrofer dans
le befoin, & ôter les petits œilletons qui naiffent à côté.

Aprés l'Hyver, on découvre les
artichaux, non pas tout d'un coup,
mais peu à peu; crainte que les
fraîcheurs ne les furprennent, c'est-

à dire que ce travail se pratique à trois reprises de quatre en quatre jours. Cela fait, on les laboure, & on les déchausse pour les œilleton-ner, n'en laissant sur chaque pied que deux des plus forts pour don-ner du fruit.

Pour tirer des cardes d'artichaux, on se sert des vieux pieds qu'on veut rüiner ; car il est bon ce cinq en cinq ans d'en renouveller quelque quarré, parce que la plante se lasse à la fin de produire, & ne donne que de petites pomes.

Les premiers fruits étant cüeillis, on coupe les tiges le plus prés de terre qu'il est possible, cela fait pulluler les pieds, & qu'ils jettent quantité d'œilletons qui sont bien beaux, & qui étant élevez à trois pieds de haut, doivent être liez avec de la grande paille sans les serrer beaucoup, puis les entourer de grand fumier ; cela les fait blan-chir.

Vous pouvez les laisser jusqu'aux grandes gelées que vous les arra-cherez peur les mettre en un lieu où le froid ne penétre point.

Des Cardons d'Espagne.

Quant aux *Cardons d'Espagne*, ils
se multiplient de graine, qu'on seme dans des trous remplis de terreau, on met deux ou trois graines
dans un même trou, on observe au
reste ce qui a été dit pour les artichaux ; la culture en est semblable.

Des Asperges.

Elles viennent de graine & se sement sur planche dont la terre a été
bien preparée, & bien amandée. A
deux ans, on les leve & on les transf-
plante, voici comment.

On fait des fosses de trois pieds de
large & d'un & demi de profondeur,
laissant quatre pieds entre deux fosses pour vuider la terre, & la jetter également des deux côtez, l'ac-
commodant en dos de bahut.

Ensuite on donne un bon labour
au fond de ces fosses, on y plante
les asperges au cordeau, à trois
pieds l'une de l'autre, & tout au
bord de chaque côté de la fosse, afin
qu'elles s'étendent du côté des sentiers qu'on peut labourer plus d'un

bon pied de large en dedans ; étant plantées, on les recouvre d'une bonne terre mêlée de fumier environ quatre doits de haut seulement, dautant que par succession de tems la terre qui est sur les sentiers, s'abat dans la fosse, & la remplit à la fin à niveau du Jardin.

Pour les labours, il ne s'en donne que trois par année, le premier quand les asperges cessent de pousser, le second à l'entrée de l'Hyver, & le troisiéme un peu auparavant que les asperges commencent à pousser.

A chaque labour, on soigne de remplir la planche ou fosse, d'environ quatre doigts, y jettant la terre des sentiers, & par dessus il est bon d'y répandre environ deux doigts de grand fumier de vieille couche.

On est du moins trois ou quatre ans sans couper aucune asperge, afin que la plante se fortifie en pied, & donne des jets plus forts ; ce tems passé, on en coupe tant qu'il en croît, observant seulement de laisser monter les plus petites en graine.

Pour bien cüeillir les asperges,

il faut ôter un peu de terre d'auto
de celles qu'on veut cüeillir, crai
te d'en couper d'autres qui pouffen
Cette operation fe fait le plus ba
qu'on peut.

On obfervera en labourant le
planches, s'il n'y a point quelque
pieds d'afperges qui foient venus d
graine tombée par hazard, alors on
les arrachera pour ne laiffer que les
aı tres pieds.

CHAPITRE XXIV.

Des Choux & Laitües de toutes fortes.

NOus comtons plufieurs efpeces de choux, fçavoir les
Choux-fleurs, les *Romains*, de *Milan*, les *Pancaliers*, ceux de *Gennes*,
les *Frifez*, les *Choux pommez*, & autres.

Des Choux-Fleurs.

Ils fe multiplient de graine, &
cette graine nous vient d'Italie, car
celle qui croît en France dégénere

confiderablement , & ne produit rien qui vaille.

Pour connoître fi elle eft bonne, il faut qu'elle ait la couleur vive & brune,& non pas d'un rouge clair, qu'elle foit fort pleine d'huile , bien ronde & non ridée , petite ou deffe-chée.

Cela obfervé , on feme cette graine au mois de Mars fur couche, en raïons à quatre doigts l'un de l'autre & à claire voïe , puis on la recouvre de fon terreau.

Vers la fin d'Avril , quand les Melons font hors de deffus la couche, on peut encore y femer d'autres choux-fleurs, comme les précedens, ils donneront leurs pommes en Automne, au lieu que les premiers les donnent plûtôt.

Pour les replanter , il faut attendre qu'ils foient aff. z forts ; ou leur coupe le bout de la racine ; & on les enterre jufqu'au collet ; à trois pieds de diftance l'un de l'autre, & deux rangs feulement fur chaque planche : on foignera de les farcler & les labourer legerement , quand ils en auront befoin, jufqu'à ce que les feüilles couvrent la terre.

Quand les choux-fleurs commencent à pommer , vous en liez les
feüilles avec de la grande paille,
pour enfermer la pomme qui se
fortifie en peu de tems ; la pomme
étant formée , vous les arrachez &
les portez dans une serre, cave ou
cellier , il n'importe , pourvû qu'il
ny gelent point.

Des Choux de toutes sortes.

Ils viennent de graine comme les
precedens , & se sement de même
sur couche : on en seme aussi en
pleine terre sur la fin du mois d'A-
vril ; Tous choux veulent être arrosez soigneusement les premiers jours
qu'ils sont plantez , pour en faciliter la reprise.

Les *Choux à large côte* ne se sement qu'au mois de May , parce
qu'ils sont trop susceptibles des
moindres fraîcheurs , & se plantent
en Juillet, ils pomment en Automne.

Les *Choux blancs pommez* , ceux
d'*Auberviliers* , les *Choux rouges* , &
les *Choux musquez* demandent la mê-

me culture, ainfi que les *Pancaliers.*

Les *Choux blonds* ne fe fement qu'au mois d'Août pour être tranf-plantez un peu avant l'Hyver, & en avoir pendant toute cette faifon.

Toutes les efpeces de choux de-mandent une terre bien amandée, & bien meuble : on les plante fur planche, ou à plein quarré comme les choux fleurs, & on y donne les mêmes foins.

Il faut foigner d'ôter toutes les feüilles mortes des choux pour plus de propreté, & pour éviter la mau-vaife odeur qui provient de la cor-ruption de ces feüilles, & qui fe communique aux choux. On donne ces feüilles aux vaches, cela leur fait avoir du lait.

Pour la graine, vous refervez de vos plus beaux choux que vous re-plantez à l'abri des vents froids, & que vous garantiffez de la gelée en les couvrant de grand fumier fec. Il y en a qui pour plus de fureté, portent de ces choux dans la ferre, où ils paffent l'Hyver, puis ils les replantent dans le Jardin, où ils montent à graine, qu'on ramaffe

quand les premieres goulles font féches, & s'ouvrent d'elles mêmes.

On feme dans le mois d'Août de
choux pommez fur planche, pou-
leur y lailler paller l'Hyver comme
dans une pepiniere, jufqu'au Printems qu'on les replante à l'ordinaire. C'eft le moïen d'avoir des choux
pommez de bonne heure, fi on y
aporte d'ailleurs tous les foins ne-
cellaires.

Il fait bon femer des choux tous
les mois, pendant tout l'Eté, afin
d'en avoir toûjours pour remplacer
ceux qui meurent par quelque acci-
dent que ce puille être.

Si on ne veut pas arracher le tronc
des choux aprés qu'on leur a coupé la tête, ils repoullent de nouveaux jets qu'on nomme *Broccolis* en
langage Italien, & *Broques* en François : ils fe mangent ordinairement
en Carême dans le potage à la pu-
rée ; les Broques qui viennent fur
les choux Romains font les meilleures.

Des Laîtües.

Il y en a de beaucoup d'efpeces,

ous avons les *Laitües à coquille*, les
Capucines, celle de *Gennes*, les *Laitües friſées*, la *Romaine*, les *Chicons
& Alphanges*, les *Laitües de la Paſſion*,
les *Crêpes blondes* qu'on ſeme à la fin
de Janvier ſur couches & ſous cloches, les *Laitües Georges*, les *Migno-
gnes* & les *Crêpes vertes*.

On ſeme des laitües pendant preſque toute l'année, & pour les bien
faire pommer, il n'y a qu'à les replanter à demi pied ou un peu plus
l'une de l'autre, & les arroſer beaucoup, particulierement avant midy.

Celles de Gennes ſont préferables
à toutes les autres à cauſe de leur
groſſeur, & qu'elles paſſent l'Hyver
ſur terre étant tranſplantées.

Pour les laitües qui ne pomment
point, il n'y a qu'à les ſemer, & à
meſure qu'elles croiſſent les éclaircir, afin que celles qui reſtent pro-
ſitent mieux.

On lie les Chicons & Alphanges
pour les faire blanchir: il faut toûjours pour cela choiſir un beau tems
& attendre que la roſée du matin
ſoit eſſuïée; il y en a, qui pour les
faire blanchir promtement, les cou-

vrent chacune de quelque pot de
terre, & mettent par deſſus du fu
mier bien chaud.

Pour la graine de laitües de toutes
ſortes, elle eſt facile à recüeillir ; il
faut les arracher quand on voit qu'il
y a plus de la moitié des fleurs paſ_
ſées, & les acôter tout debout
contre un mur expoſé au Soleil.
On les y laiſſe huit ou dix jours ; la
graine s'y meurit tres bien, & lorſqu'elle eſt ſéche, on la froiſſe entre
ſes mains, on la nétoïe de ſa bale,
puis on la ſerre pour s'en ſervir au
beſoin, chaque eſpece à part.

CHAPITRE XXV.

Des Racines.

DES BETTES-RAVES.

IL leur faut une terre qui ſoit bonne, bien meuble, bien amandée
& labourée profondement ; autrement elles ne font choſe qui vaille,
pivotent imparfaitement, & perdent
beaucoup de leur couleur, ce qui
les

les rend defagreables au goût, &
fait qu'on les rejette.

Les Bettes-raves fe multiplient de
graine, & lorfque l'Hyver eft paffé,
on les feme à claires voies fur planches : fi lorfqu'elles font levées,
on remarque qu'elles levent trop
drües, on les éclaircit, à quatre
bons doigts l'une de l'autre, & on
replante ailleurs celles qu'on a arrachées ; il faut alors enfoncer le
plantoir bien avant, & obferver de
ne leur point rogner le pivot.

On ne peut s'en fervir qu'à la fin
de l'Automne, & pour les garantir
de la gelée, on les arrache, puis on
les porte dans la ferre où elles fe
gardent enterrées dans le fable, &
d'où on les tire pour s'en fervir au
befoin.

Pour la graine : on réferve des
plus belles bettes-raves qu'on plante
au Printems en quelque petit endroit
du Jardin, & là elles donnent leur
graine, qu'on ramaffe lorfqu'elle eft
meure, & qu'on laiffe après être
arrachée, un peu de tems expofée
au Soleil, pour perfectionner fa
maturité.

Y

Des Carotes & Panais.

Elles viennent & fe gouvernent de même que les bettes-raves ; elles ne craignent point le froid en terre, c'eft pourquoi on ne prend guéres la précaution de les porter dans la ferre ; les *Panais* ne demandent point d'autre culture.

Des Salfifix d'Espagne, autrement Scorfoneres.

Ils fe fement en beau tems au Printems , & quand il fait doux, cela fe fait en raïons fur planches, quatre raïons à chacune.

Quand ils montent à graine , il eft bon de leur donner quelques apuis ; ces plantes fe cultivent de même que les bettes-raves. Pour recueillir leur graine , il faut quatre ou cinq fois le jour les vifiter, car elle eft fujette à s'épanoüir , & à s'envoler ; c'eft pourquoi on ne peut trop foigner à la ramafler.

Des Raves on Raiforts.

On en feme dans tous les mois, depuis qu'on commence à conftrui-

re les premieres couches , jufqu'au
mois d'Octobre. Les premieres fe
fement en des trous de la hauteur
du doigt , diftant de trois poûces
l'un de l'autre , & dans chaque trou
on y laiffe tomber deux femences ,
mettant un peu de fablon par deffus,
& laiffant le trou tout ouvert. Les
autres raves qui fuivent , fe fement
auffi fur couches par raïons & en
pleine terre.

Pour en avoir de bonne graine ,
on en laiffe monter des premieres
femées , & on la recüeille quand les
gouffes d'en bas s'ouvrent , & laiffent tomber leur graine.

Des Navets.

On les feme au Printems , & dans
le commencement de Juillet ; toute
la difficulté d'y réüffir confifte à
bien prendre fon tems. S'il eft trop
pluvieux, la graine creve & ne germe point ; s'il eft trop fec , elle ne
leve pas , c'eft pourquoi quand on
voit qu'une femaille a manqué , il
faut donner à la terre un nouveau
labour , & refemer par deffus des
navets.

Quand ils font levez, & qu'ils ont même jufqu'à quatre feüilles, les puçeons fe jettent deffus & les mangent. C'eft encore une femaille perdüe, & qu'il faut recommencer comme on a dit.

Pour manger de bons navets, ils ne doivent pas être plus de fix femaines en terre, autrement, ils deviennent verreux, fe cordent, & font defagreables à manger.

On tranfplante des plus beaux navets au Printems pour en avoir de la graine ; on les ferre pour l'Hyver dans la cave, ou autre lieu exemt de gelée, fans autre foin que de les mettre par monçeaux ou par bottes.

Du Perfil.

Il fe multiplie de graine qu'on feme fur planche ou en bordure fur des plattes-bandes, & en raïons éloignez de quatre doigts les uns des autres : la terre en doit être bien meuble, & couverte d'un peu de terreau ; ce travail fe fait fi-tôt que les gelées font paffées.

Les feüilles de perfil ne font pas feulement les parties dont on fe fert

en cuiſine , on y employe encore
les racines , ce qui fait que nous
avons compris cette plante dans ce
Chapitre.

Pour la graine, on en laiſſe monter quelque bout de planche , & on
ne l'arrache point que tout ne ſoit
meur, ce qui ſe connoît aiſément.

Des Cherüis.

Ces racines ſe perpetüent par le
moïen de la graine , mais mieux de
plan, en terre bien meuble, & bien
amandée.

Ces plans ſe mettent en raïons ,
quatre à chaque planche , & profonds de deux doigts , puis avec le
plantoir on fait des trous à ſix poûces l'un de l'autre , & dans chaque
trou, on met deux ou trois de ces
jeunes pieds , qu'on éclatte des
vieux ; il faut les arroſer ſouvent,
ſi on veut les avoir beaux & en
quantité ; on en tire de terre à meſure qu'on en a beſoin, & on laiſſe
le reſte qui groſſit toûjours.

Des Raiponces.

On ne dira rien ici de la culture

de ces racines, dautant que la na
ture en prend aſſez ſoin d'elle-mê
me, outre qu'on ne mange que le
ſauvages.

CHAPITRE XXVI.

De toutes ſortes d'herbes potageres.

DE LA BETTE-BLANCHE

OU

POIRE'E.

CEtte herbe vient de graine &
ſe ſeme au mois de Mars, &
quand les plans ont ſix feüilles on les
replante, parce qu'elles ſont aſſez
forts alors, la terre où on les met
doit avoir été bien labourée, &
amandée.

On les met ordinairement ſur
planches à deux bons pieds l'une de
l'autre, & les rangées ſur leſquelles elles ſeront, à même diſtance.

Pour leur faire produire de belles
cardes, on ſoigne à les bien labourer avec la binette, à les ſarcler,
& à ne leur point épargner l'eau

dans la neceſſité, & ſur tout pen-
d.nt les grandes chaleurs.

Quand il eſt queſtion de cüeillir
les les cardes, on les tire un peu de
côté, crainte d'offenſer la ſouche,
qui nourrira celles qui reſteront, &
reparera par-là le dommage qu'elle
a ſouffert; les bettes-cardes dont il
faut faire choix, ſont celles dont la
feüille eſt blonde, & rejetter les
vertes.

On ſeme de la poirée pendant
tout l'Eté, pour en avoir de tendres à mettre au potage, ou pour
farce, & même ſi vous en avez à
la fin d'Août, vous les laiſſerez paſ-
ſer l'Hyver comme en pepiniere,
& au Printems vous les replante-
rez pour avoir des premieres cardes.

Pour en avoir de la graine, laiſſez-
en monter des plus blanches & des
plus larges ſans leur arracher aucunes feüilles: on arrête les montans
à des échalats, crainte que le vent
ne les abatte; deux pieds au plus
ſuffiſent pour ſe fournir de cette
graine, qu'on a ſoin d'amaſſer quand
elle eſt meure & bien ſeche.

Des Arroches, ou Bonnes-Dames.

Cette herbe est fort agréable au manger dans le potage, on dit qu'elle porte son beurre avec elle : il y en a de deux especes , la jaune & la rouge ; la premiere est la meilleure & se cultive comme la poirée , excepté qu'on ne la replante point, il suffit qu'en la sarcle, & qu'on l'arrose dans le besoin.

Des Chicorées franches.

Il y a plusieurs especes de chicorées qui ne different entre-elles que par les feüilles , mais qui toutes se cultivent de même façon.

On les seme vers la mi-Mai sur couche dont la chaleur est passée , ou sur planche couverte de deux bons doigts de terreau , & cette graine veut être jettée en terre à claire voïe , & au cas que les plans croissent trop drüs , on les éclaircit pour les faire blanchir sans les replanter ; ces chicorées étant alors trop sujettes à monter à graine.

Le veritable tems de les semer pour les transplanter sans crainte,

est

eft la fin de Juin & durant tout le
mois de Juillier ; on en feme auffi
en Août pour en avoir tout le refte
de l'Automne. Les chicorées fe plantent fur planche , comme les chicons , on les lie de même.

Pour blanchir les chicorées, on
en lie chaque pied de deux liens de
paille ; & durant les grandes chaleurs, fi vous voïez qu'elles veulent grainer, creufez la terre à côté
du pied, & fans l'arracher, couchez-
la en terre ne laiffant fortir que le
bout des feüilles : Ces chicorées fe
blanchiront en fort peu de tems.

Il faut obferver de les coucher
toutes d'un côté les unes fur les autres, comme elles ont été plantées.

La meilleure maniere de faire
blanchir promtement les chicorées,
eft de les lier à l'ordinaire, puis de
les couvrir de grand fumier fec, &
de les arrofer par-deffus de tems en
tems, & fur tout pendant les grandes chaleurs. Si c'eft en Hyver, on
peut fe fervir de fumier forti nouvellement de l'écurie ; les chicorées
alors blanchiront en peu de tems.

Ceux qui veulent les conferver
Z

pour l'Hyver, les portent dans une ferre ou cave, & les y enterrent dans du fablon, leur mettant la racine en haut, & du fumier par deſſus.

Quand à la graine, vous laiſſerez monter des plus belles chicorées, & particulierement de celles que vous verrez qui voudront blanchir d'elles-mêmes ; on peut donner à cette graine le tems de bien meurir ſans craindre qu'elle tombe ; étant meure, on l'égraine, & on la ſerre pour le beſoin.

De l'endive ou Chicorée ſauvage.

Elle ſe gouverne comme les précédentes, & même avec moins de peïne ; elle ſe ſeme en raïon ou à plein champ.

Pour la blanchir, on la couvre de grand fumier mediocrement chaud ; on la tire de terre au commencement des gelées, & elle ſe porte à la ſerre pour y être accommodée dans du fablon, ainſi que la chicorée franche.

De l'Ozeille.

Nous en cultivons ordinairement

de deux fortes qui font *l'ozeille à
longue feuille*, & *l'ozeille à feuille ronde*;
elles fe multiplient toutes deux de
graines, ou de plans éclattez; on
les feme au mois de Mars fur planche en raïons, à quatre bons doigts
éloignez l'un de l'autre, & en bonne
terre bien meuble, & couverte d'un
peu de terreau.

Il faut être foigneux de farcler
ces plantes, & quand elles feront
un peu fortes, de les éclaircir, afin
qu'elles profitent mieux : on garnira
d'autres planches de ce qu'on arrachera.

Le meilleur moïen eft de prendre de groffes touffes d'ozeille, les
éclatter, & d'en planter le plan fur
planche à quatre doigts l'un de l'autre, & en raïons, ce travail fe fait
au commencement d'Automne, ou
au mois de Mars; ces efpeces d'ozeilles viennent bien d'une & d'autre
façon, durent fort long-tems en bon
état fans qu'on y touche, même
jufqu'à dix ou douze ans, après lequel tems, il eft bon de les renouveller par le moïen des plans éclatez.

Il faut les labourer avec la binette, ou piochon du moins trois fois l'année, entre les raions, & ôter generalement tout ce qui s'y trouvera, puis y mettre tout du long environ deux doigts d'épais de terreau, ou de fumier de pigeon, ou de poules.

Pour la graine elle est facile à recüeillir, car en Eté ces ozeilles montent en quantité, & quand on voit que la graine en est meure, on coupe les tiges des montans prés de terre, puis étant bien sechée, on la nétoïe, & on la serre.

De la Bourrache.

Elle se seme au Printems à plein champ, & à quelque petit endroit separé du Jardin; comme la racine de cette plante resiste à la gelée, on la laisse en terre, & elle repousse au mois de Mars; ou pour mieux faire, il est bon d'en semer plusieurs fois durant l'année, elle en est plus tendre; toute sa culture consiste à cuelques legeres labours qu'on lui donne, & à la sarcler.

Pour la graine, on en laissa monrer des plus beaux pieds, & on la ramasse avec soin.

De la Buglose.

Elle se cultive de même que la bourrache, sans autre façon.

Du Cerfeüil.

Il se seme sur couche, comme on a déja dit, pour en manger dans la nouveauté, c'est une fourniture de salades fort agreable, & sur planche, ou en platte-bande les moins exposées au Soleil.

Il est bon d'en semer de mois en mois, afin de le manger plus tendre; on en laisse monter à graine quelque bout de planche, ce sera assez pour en fournir amplement.

Du Celleri.

Pour avoir plus long-tems du celleri, on en seme à deux fois, parce que le premier semé monte aisément à graine, & devient dur.

On en seme d'abord sur couche au commencement d'Avril; il faut que la graine en tombe fort drüe, & l'éclaircir de bonne heure, au cas

qu'il leve trop épais, afin qu'il se
fortifie avant que d'être replanté,
autrement il s'étiole trop & ne peut
rien faire qui vaille.

Le plus sûr est de le replanter en
pepiniere, mettant les pieds à deux
ou trois poûces l'un de l'autre ; il
ne faut pour ce travail que faire des
trous avec le doigt ; ce premier se
peut replanter au commencement
de Juin, soit en tranchées profon-
des d'un bon fer de bêche, & larges de trois à quatre pieds, pour
y faire trois à quatre rangées, & y
mettre les plans, distans d'un pied
l'un de l'autre. Cette méthode se
pratique dans les terres séches, c'est
la plus commode pour les butter.

Dans les terres fortes on les plante en planches à l'ordinaire, & dans
les mêmes distances. Il faut d'une &
d'autre maniere soigner de bien arroser ces plans pendant l'Eté, c'est
ce qui les rend tendres.

Pour le blanchir, on commence
d'abord par le lier de deux liens
quand il est assez fort, & toûjours
par un beau tems, ensuite on le
butte soit de terre, soit de grand
fumier sec.

Le Celleri ainfi butté, jufqu'au haut de fes feüilles dont on coupe les extrémitez, blanchit en moins d'un mois; pour bien faire, & afin qu'il ne fe pourriffe point, on n'en doit buter qu'autant qu'on en peut confommer par fucceffion de tems, autrement il rifqueroit de pourrir.

Quand la gelée commencera à fe faire fentir, on foignera de le bien couvrir, ou de l'arracher en motte tout lié, & le tranfporter dans une ferre, ou cave, quoiqu'étant bien couvert en terre il puiffe tres-bien fe conferver.

On en feme une feconde fois à la fin de Mai, & au commencemeut de Juin, en pleine terre bien preparée, & bien amandée: pour ce qui regarde le refte de la culture c'eft la même chofe que ce que nous venons de dire: ce celeri fe mange durant les mois de Février & Mars.

Pour en avoir de la graine, on en replante à l'écart quelques vieux pieds aprés l'Hyver, qui donnent leur graine en maturité en Août.

❖❖

Du Pourpier.

Il y a le *vert*, & le *doré*; le premier se seme sur couche, & dés que les gelées sont passées ; parceque pour peu qu'il soit couvert de cloches, il résiste assez aux frimats du Printems, au lieu que le *Pourpier doré* est plus tendre, & par conséquent plus susceptible des accidens de la nouvelle saison.

Ce dernier en récompense se seme durant tout l'Eté sur planche bien preparée, & couverte de deux bons doigts de terreau ; la graine en veut être semée à claire voïe.

Etant semée, on la recouvre proprement avec le rateau ; il faut être soigneux de l'arroser avec l'arrosoir, c'est le moïen que ce pourpier leve en peu de tems, & devienne tres-beau.

Il se replante pour en tirer de la graine sur planche en raïons, & les pieds à un bon pied l'un de l'autre: les cotons qu'il jette en cet état en sont plus gros, & meilleurs par conséquent à confire.

Pour recüeillir cette graine, on

arrache chaque pied l'un aprés l'autre, on les met fur un drap pour fe
fanner au Soleil, le foir venu, on
la ferre à couvert, puis on la remet
au Soleil, & on continuë ainfi jufqu'à ce qu'elle s'acheve de meurir,
& la marque de fa maturité eft lorfqu'elle eft noire ; étant ramaffée, &
bien netoïée, on la ferre foigneufe-
menr; celle de deux ou trois ans
réüffit mieux que la graine de l'année.

Il y a une efpece de Pourpier
fauvage, appellé *Porcelaine*, il vient
de luy même fans qu'il foit befoin
de le cultiver.

Des Epinards.

Il y en a de trois fortes, la *grandé
efpece* à grande feüille, la *petite efpece*
dont la feüille eft plus pointuë, &
les épinards à *feüille blonde.* On les
feme au commencement du mois
d'Août, afin qu'ils fe fortifient avant
les gelées, & on en peut couper fi
on veut, ils font fort tendres alors.

On les feme fur planche en raïons
éloignez de quatre doigts l'un de
l'autre, on les farcle proprement
quand ils font levez.

Pour en avoir de la graine, on en reserve quelque bout de planche sans y rien couper ; la graine est de deux sortes, celle à piquans, & l'autre sans piquans, & toute ronde : cette derniere produit les épinards blons qui sont les plus délicats.

CHAPITRE XXVII.

Des Légumes.

DES FE'VES.

IL y a de grosses féves, apellées à Paris *féves de marais*, & les petites ; voici quelle est leur culture.

Il y en a qui les sement dés l'Avent pour en avoir des premieres, d'autres qui attendent jusqu'au mois de Février, & les autres retardent jusqu'à ce qu'il n'y ait plus rien à craindre du côté des gelées. De ces trois méthodes la derniere est la plus sûre, dautant que selon les deux premieres, on risque sa semence, à moins qu'on ne se donne bien des soins aprés.

Les féves demandent une bonne terre, bien amandée, & bien meuble, avant que de les femer ; on choifit celles qui font les mieux conditionnées, on les met tremper un jour dans l'eau, afin d'en avancer la vegetation de plus de dix ou douze jours plus qu'ils ne feroient, fi elles étoient femées féches.

Il faut les femer en raïons, profonds de deux bons doigts, & les mettre environ à un demi pied l'un de l'autre ; quand il y a trois ou quatre de ces raïons de femez, on laiffe un fentier entre quatre autres pour pouvoir les farcler, & les cerfoüir dans le befoin.

D'autres, pour plus de propreté, fement les féves en planches fur des raïons, & dans de petits trous faits au plantoir, cela dépend au refte de la fantaifie.

Il faut foigner à mefure que les féves croîtront d'en bannir les méchantes herbes, & de les cerfoüir : étant crües, fi vous remarquez que les puçeons endommagent la tige, vous la leur rognerez, emportant l'infecte avec le plus tendre jet ;

cette operation auſſi arrête les féves
& les empêche de ſe trop emporter,
& de couler par conſequent , autrement il n'en noüe qu'une partie,
tandis que les autres tombent.

Vous mettrez ces rognures dans
quelqu's utenciles pour les jetter au
feu , ou bien vous les enterrez dans
le fumier , ou en quelqu'autre endroit éloigné des féves , car ces
beſtioles y retourneroient.

L'ordinaire des Jardiniers eſt d'en
deſtiner quelque planches pour en
manger en vert, ſans en cüeillir des
gouſſes , & quand ils ont entierement dépoüillé quelque pied , ils en
coupent le montant prés de terre ,
afin qu'il pouſſe de noüveaux jets ,
qui porteront leur fruit dans l'ar-
riere ſaiſon.

Les féves qu'on deſtine pour ſemer , doivent reſter ſur pied juſqu'à ce qu'elles ſoient ſeches ; que
les gouſſes & la tige ſoient toutes
noires, & être arrachées pendant la
plus grande chaleur du jour , cela
fait, on les égraine , puis on les
ſerre.

On prétend que le chaume des fé-

es mis pourrir avec les autres fumiers, en augmente de beaucoup
les fels : il y en a, qui pour ameliorer leur terre, y fement des féves, & qui lorfqu'elles font en fleur,
fans fonger à la perte qu'il peut y
avoir, labourent le tout enfemble.

Des Haricots.

On les apelle en des Pays *féves rô-
le*, ou *pois de Rome*, ou *pois taupins*,
il y en a de plufieurs efpeces : de
blancs, de noirs, de gris blancs, &
de rouges.

On feme les haricots ordinaires
fur planche comme des féves, on
en deftine quelques-unes pour manger en vert, laiffant les autres pour
être mangées fecs, & pour la femence. Quand on les cüeille, on doit
prendre garde de ne point rompre
la tige, afin qu'elle en produife
jufqu'à ce qu'elle féche fur pied : il
eft bon de les ramer, afin que ne
rampant point par terre, les pieds
en raportent davantage de pois.

Il y en a de petits, qui viennent
bas, & aufquels il n'eft pas befoin
de donner des apuis : ils grainent

beaucoup, on en feme à plein champ
fans tant de façon, dans une terre
bien labourée : on foigne de bien
recouvrir la femence , & huit ou
dix jours aprés que les haricots font
levez, il eft bon de les gratter un
peu , & de les laiffer aprés croître
à l'avanture.

Les *haricots rouges* fe fement le
long de quelque mur par curiofité
feulement, & on les fait monter le
long des treillages qui leur fervent
d'apuy.

Toutes féves de cette forte aiment les terres fabloneufes ; le tems
de les femer eft à la fin du mois
d'Avril : on les ferre comme les féves ordinaires , & lorfqu'ils ont
bien féché fur le pied.

Des Pois.

Nous en avons de plufieurs fortes dans le Jardinage , fçavoir les
*Pois hatifs, les nains, les gros blancs &
les verds, les poids fans parchemin* de
deux fortes, les *Chiches, les pois de
tous les mois, & les taupins*, autrement apellez *Lupins.*

On feme les Pois fur planches en

ifant quatre ou cinq raïons fur
acune, felon l'efpece des pois
u'on veut femer : on les feme auffi
plein champ.

Les pois hatifs fe fement dés l'A-
ent, le long d'une platte bande,
l'abri de quelque mur expofé au
idy, ou fur quelques ados à la
ême expofition. Ils demandent une
rre bien labourée, & couverte de
rés de deux bons doigts de terreau :
faut être foigneux pendant l'Hy-
er de les couvrir de grand fumier
ec.

On peut encore femer de ces pois
1 commencement de Février, fi le
ms le permet, & de la même ma-
iere qu'on le vient de dire : la terre
bloneufe eft celle naturellement
ù ils viennent le mieux, & le plus
romtement, s'ils font fur quelque
teau naturel à l'afpeÉt du midy,
s croîtront encore tres-bien.

A l'égard de leur culture, tout
fecret ne gît qu'à les tenir nets
méchantes herbes, & les cerfoüir
1 peu ; ces foins les avancent mer-
eilleufement, pourveu qu'il fur-
enne de la pluïe peu de tems aprés.

Il eſt bon de les ramer ſi on veut qu'ils ne rampent pas ; cela les empêche auſſi de ſe gâter une bonne partie.

Quant aux pois qu'on ſeme à plein champ ſur le guéret frais labouré, ou ceux qu'on ſeme ſous raye à la charüe, ils viennent aprés cela ſelon le tems bon ou mauvais qu'il fait pendant qu'ils ſont dans terre.

Tout *pois de la grande eſpece*, tels que ſont les *blancs*, les verts, *les pois ſans parchemin* & les *Chiches*, veulent être ſemez ſur planches, en raïons ; quatre rangées à chaque planche pour avoir plus de facilité à les ramer : on fait beaucoup d'eſtime des *pois de Hollande* par leur délicateſſe, ils chargent extrêmement, jettant des rameaux à chaque nœud.

Pour tous les autres pois qu'on ſeme à la charüe, il n'eſt pas beſoin ici d'en donner d'inſtruction, il n'y a point de laboureur qui n'en ſçache l'art, ſoit que cela ſe faſſe ſur guéret fraîchement labouré, ou ſous raye.

A l'égard des *pois de tous les mois*, p rce qu'ils fleuriſſent continuellement,

ent, il faut les femer à l'abry du
auvais vent, en quelque endroit
a Jardin, pour en avoir de bonne
ure ; on les cultive comme les
uifs, excepté qu'on en coupe pro-
ement les coffes lorfqu'ils font en
rt, n'y en laiffant fécher aucune :
demandent de tems en tems des
rofemens, principalement durant
mois d'Août ; & qu'on les om-
age avec des paillaffons durant les
andes chaleurs : Ils ne fe paffent
bint fi tôt en cet état, & produi-
nt tous les mois quantité de pois.

Des Lentilles.

Elles fe fement au même tems
e les poids, fur guéret fraîche-
ent labouré, & auquel on aura
nné un premier labour avant
yver, elles en viennent plus bel-
. La terre fabloneufe eft celle
i leur convient le mieux ; ce le-
me n'étant guéres du reffort d'un
rdinier, nous en laifferons la cul-
e aux laboureurs, qui fçauront
us en fournir a foifon.

Les lentilles données en herbe
x chevaux, leurs font merveil-

leufes, cette nourriture les rétabl
lorfqu'ils font maigres, & attenue
par les fatigues ou autrement : i
n'y a point de laboureurs amoureu
de leurs chevaux, qui ne leur e
donnent une demie gerbe à chacu
en les harnachant. Cet avertiffe-
ment ne peut être qu'avantageu
pour ceux qui demeurent a la Campagne.

CHAPITRE XXVIII.

Des Plantes bulbeufes.

ON apelle ainfi les *Oignons*, *l'Ail*,
la *Ciboule*, la *Rocambole*, *les*
Cives, & les *Poireaux*, parce que
ces plantes naiffent avec des anve-
lopes l'une fur l'autre à la parte
qui eft en terre ; les Botaniftes les
nomment *bulbes* ; on les cultive comme on va l'enfeigner.

De l'Oignon.

Il y en a de deux fortes, le *blanc*
& le *rouge* ; ils veulent une bonne
terre bien préparée, & beaucoup

amandée, aûtrement ils ne croiſſent
que fort chetifs, on les feme en
planche à claire voïe, & à plein
champ.

Quand ils ont le tuyau gros comme une plume, on peut en arracher ſi on veut; pour replanter, ils
deviennent tres-gros : s'ils levent
trop drüs, il ſera bon de les éclaircir; on ne doit point leur refuſer
de l'eau pendant les grandes chaleurs, tous ces ſoins contribüent à
les faire devenir gros.

Si pendant qu'il fait bien chaud
vos oignons veulent monter à graine, pilez-en aux pieds les montans
pour les en empêcher, cela les ar-
rêtera & les fera groſſir.

Quand vous voirez qu'ils feront
hors de terre, que leur feüille ſera
ſéche, & qu'ils feront bien Aoûtez,
alors vous les arracherez entierement, recherchant juſqu'aux plus
petits avec le piochon ou la binette;
il faut les laiſſer quelques jours ſé-
cher par monceaux ſur le guéret,
puis les ſerrer dans un endroit exemt
de gelée, & d'humidité.

Pour la ſemence, on choiſit les

plus gros oignons de ceux qu'on a
confervez du froid , & aprés l'Hyver , on les plante en bordure à part
dans le Jardin : fix bons oignons
fuffifent pour s'en fournir de graine abondamment.

Quand ces oignons font montez ,
ils font fort fujets à être renverfez
par les vents à caufe de leur tête
chargée de femences , & de la foi-
bleffe de leurs tuyaux , c'eft pourquoi on leur apuïe chaque pied de
quelque échalas fiché en terre , &
auquel on lie ces tuyaux à deux endroits avec un brin de paille , ou de
jonc.

La graine étant meure , ce qui fe
connoît , lorfqu'elle eft à découvert ,
on arrache les pieds , & aprés en
avoir coupé tous les tuyaux , on en
met fécher les têtes pendües au plancher pour les éplucher , & en tirer
enfuite la graine.

Il y a tant de tromperie à acheter
de la graine d'oignons , qu'il eft bon
toûjours d'en faire provifion foi-
même , car les Greretiers fouvent
la vendent trop vieille , & par con-
fequent incapable de rien produire
de bon.

Pour connoître fi elle eft bonne,
on en prend une pincée qu'on met
ans une écuelle ou autre utencile
vec de l'eau, on l'y laiffe infufer
ur de la cendre chaude : cette grai-
ic pouffera fon germe en peu de
ems, fi elle eft bonne, fi-non il la
faudra jetter.

Des Ciboules.

Les ciboules viennent de femence, on en feme prefque toute l'année, excepté pendant le grand froid,
fur planche, & au cas qu'elles levent trop drües, on les éclaircit
pour qu'elles deviennent plus fortes.

On les replante de *Cuiffes*, en en
mettant quatre ou cinq enfemble
pour en faire une toufe ; il faut éloigner ces plans de quatre poûces l'un
de l'autre fur des alignemens tirez
au cordeau. Les ciboules veulent
une terre bien labourée, & préparée comme il faut, on les farcle,
& on leur donne de petits labours
de tems en tems.

On peut les laiffer en planches
tant d'années qu'on voudra, elles
groffiront toûjours, & feront toufes

par les cayeux qu'elles jettent en abondance.

Il eft bon pourtant de trois ou quatre ans l'un de déplanter les ciboules pour les mettre en un autre endroit; elles y profitent mieux étant éclatées & replantées à l'ordinaire.

De l'Ail.

Il vient de cayeux fur planche, en raïon de quatre doigts éloignez l'un de l'autre, les cayeux à même diftance : le vrai tems de le planter eft à la fin de Février, & celui d'en noüer les montans fur la fin de Juin ; on les leve de terre à la Magdelaine, ils veulent une terre préparée comme pour les ciboules.

Des Echalotes.

Elles fe cultivent & fe perpetüent comme l'ail, on les laiffe un peu aérer, puis on les ferre en quelque endroit non humide. Les *Rocamboles* fe cultivent de même.

Des Poireaux.

Les poireaux fe multiplient de femence comme les ciboules, & fe

replantent fur planche en alignement
tiré au cordeau, & à quatre poûces
l'un de l'autre ; on les plante au
plantoir qu'on enfonce le plus avant
qu'il eſt poſſible, afin qu'ils aïent
plus de blanc, & on obſervera pour
cela de ne point remplir le raïon
tout d'un coup.

Dans la ſuite, on a ſoin de les
labourer & ſarcler de tems en tems,
& de les arroſer de même, ils demandent une terre bien ameublie,
& beaucoup fumée.

Il y en a qui pour leur faire acquerir beaucoup de blanc, & lorſqu'ils ont pris leur croiſſance parfaite, qui les couchent dans leurs
raïons les uns ſur les autres, & ne
leur laiſſent ſortir que l'extrémité
des feüilles, & par ce ſecret tout
ce qui eſt en terre blanchit, & un
poireau gouverné ainſi, fait autant
de profit que deux autres.

Quand on en veut recüeillir de
la graine, on réſerve des plus beaux
& des plus longs qu'on replante au
Printems ; quand ils ſont montez,
on leur donne des apuis comme à
l'oignon ; cette graine étant meure
on la ſerre de même.

CHAPITRE XXIX.

Des fournitures de fallades.

LEs fournitures de falades dont un Jardin potager doit être garni, sont le beaume, l'eftragon, la perce-pierre, le creffon alenois, la corne de Cerf, la pimprenelle & la tripe-madame.

Il y a de ces herbes qui se sement, & d'autres qui se plantent de plan enraciné, quoiqu'elles portent presque toutes de la graine, qui ne réüffit pas si bien que le plan.

Celles qui se sement, sont la corne de Cerf, la pimprenelle & le creffon. Les autres se plantent de plan enraciné ou de bouture, & toutes se gardent fort-bien en terre sans danger.

On les laiffe autant qu'on veut dans l'endroit où on en a semé ou planté, n'aïant aprés cela d'autres foins à prendre aprés elles qu'à les cerfoüir, & les tenir nettes de méchantes herbes.

CHAP.

CHAPITRE XXX.

Des herbes odoriferantes propres tant à la Cuisine, qu'à faire des bordures de Jardin.

Du Thim.

LE thim ſa multiplie de ſemence, & ſe replante de plan enraciné, éclaté de touſes; il ſe plante au plan-toir en bordure, ainſi qu'on fait le buis.

De la Sariette.

Elle ſe ſeme tous les ans. c'eſt pourquoi on ſoigne d'en recüeillir la graine tous, on ſe ſert de la feüille pour mettre dans les féves friaſſées.

De la Marjolaine.

Elle eſt de deux ſortes, la marjo-laine franche, & celle d'Hyver. La premiere eſt fort ſuſceptible de ge-lée, & la moins eſtimée ; on la ſeme tous les ans, & pour cela on en leve quelque plante en motte pour la

Bb

conferver dans la ferre, afin qu'elle graine de bonne-heure : celle d'Hyver fe multiplie de rejettons enracinez, on en fait des bordures tirées au cordeau , & en rigole.

De la Sauge.

La fauge eft de deux fortes, la *commune & la panachée*, elles fe multiplient toutes deux de plans éclatez de leurs fouches avec racines , & de bouture, elles fervent de bordures dans les potagers, & veulent être renouvellées tous les trois ans.

Du Romarin.

Cet arbriffeau vient de bouture, & de planten raciné, éclatté de fouche. Les jeunes qui viennent d'eux-mêmes par le moïen de la graine qui tombe , peuvent être tranfplantez en motte ; lorfqu'ils ne commencent qu'à lever de terre, ils profitent en peu de tems pourvû qu'on les arrofe dans le befoin.

Du Fenoüil , & de l'Anis.

Ils fe fement & fe gouvernent fans beaucoup de foin : le premier fert de fournitures de falades, les jets les plus nouveaux font les plus tendres & les meilleurs.

CHAPITRE XXXI.

Des Fraifes & des Champignons, fecret d'en avoir de bonne-heure & en quantité.

QUoiqu'à la Campagne, on foit proche des bois, où les fraifes viennent naturellement & en abondance, cependant il eft bon d'en avoir dans les potagers, parce qu'elles y font plus à portée, & qu'elles y deviennent plus belles.

Le meilleur plan dont on fe fert pour cela font les fraifiers des bois : on les plante fur planches, en bordures fur platte-bandes bien expofées, ou fur des ados, autrement coftieres, faites exprés, & au plein Soleil.

Les fraifes fe mettent à un demi pied l'une de l'autre, trois pieds dans un trou & fur des alignemens tirez au cordeau efpacez de même. Le vrai tems de les planter eft au mois de

Aoû: & Septembre, lorfque les trainaffes font fortes, & ont pris de bou-
nes racines.

Etant plantées, il faut foigner à les
labourer, & farcler, en retrancher
les trainaffes en Mars, n'y en laiffant
aucunes, & quelques feüilles, fi les
fraifiers en ont trop.

Les fraifiers durent deux ou trois
ans en une même place fans être
changez : mais au bout de ce rems,
il eft bon de les renouveller.

S'il étoit queftion de leur choifir des
terres, il faudroit préferer les fablon-
neufes, & les legeres aux terres fortes & humides;mais comme ce choix
ne dépend pas toûjours de nous, &
qu'on eft obligé de fe fervir de celles
qu'on a à fa difpofition,on y plantera
les fraifiers comme on vient de dire.

Si vous voulez avoir des fraifes en
Automne, vous n'avez qu'à couper
toutes les premieres fleurs qu'elles
pousferont, & les empêcher de fru-
ctifier; elles en rejetteront d'autres
qui donneront leur fruit dans l'arrie-
re faifon.

Il y en a pour en avoir de bonne-
heure, qui les plantent en pots au

mois de Septembre dans du terreau,
pour les placer enfuite fur couche au
mois de Decembre.

On peut auffi les planter fur couches fans les empoter, cela fe fait
au mois de Mars ; il faut pour avancer ces couches qu'elles foient chaudes d'abord, les entretenir ainfi par
des réchaufemens, & que les fraifiers
foient toûjours couverts de cloches,
à moins qu'il n'y furviennent en ces
faifons des jours qui foient doux.

Des Champignons.

Pour avoir des champignons fur
couche, faites des tranchées de trois
pieds de large & d'un demi pied de
profondeur, aïez du fumier de cheval, mêlez y bien le crotin avec la
paille, & mettez ce fumier dans la
tranchée de la hauteur de deux pieds,
en forte qu'il foit en dos d'âne.

Vous le couvrez enfuite de deux
pouces d'épaiffeur de terre ; c'eft au
mois de Novembre qu'on fait ces
couches, & au mois d'Avril fuivant
on couvre ces couches de grand fumier pour faire que la chaleur ne
frape deffus.

Bb iij

Cette couche étant ainſi achevée, on en conſtruit d'autres ſi on veut, & quand on voʻt que le fumier qui les couvre eſt ſec, on ſoigne à le moüiller, ce qui ſe fait ordinairement de trois ſemaines en trois ſemaines, ſupoſé qu'il ne tombe point d'eau; c'eſt ainſi qu'on trouve le moïen d'avoir de bons champignons & en quantité.

Il ſemble que voilà toutes les inſtructions qu'on puiſſe donner ſur ce qui regarde un Jardin fruitier & potager, & qu'on aura lieu à la Campagne d'être content de la lecture de ce Livre, qui ne renferme rien que de tres-utile.

CHAPITRE XXXII.

Traité des Orangers.

LA culture des orangers a paru à bien des gens bien plus dificile qu'elle n'eſt; il ſembloit que ce travail ne pouvoit apartenir qu'à des gens verſez dés long tems en cet Art: mais la ſuite nous a découvert le contraire, & fait voir qu'un ſimple par-

ticulier pour son plaisir, pouvoit s'y
adonner, pour peu de soin qu'il y
voulût donner ; En éfet ce qu'on va
dire de la maniere de les gouverner
prouvera ce qu'on avance. Parlons
d'abord des terres qui leur sont propres.

Des tems propres aux Orangers.

C'est un point qui a partagé l'esprit
de bien des curieux, qui la plûpart se
formant des chimeres là-dessus, ont
inventé diferentes mixtions de terre
& chacun selon son caprice ; mais
sans s'embarasser l'esprit là-dessus,
voicy une composition de terre qui
y convient tres-bien.

Prenez de la terre à potager bien
passée à la claye, si ce pouvoit être
une terre forte, elle n'en vaudroit
que mieux. On peut, par exemple,
prendre de la terre à cheneviere ou
de pré, ou quelqu'autre de cette nature, & en amasser autant qu'on le juge à propos, ensuite ayez du crotin de
Brebis reduit en poudre, ou du fumier du terreau ou fumier de mouton.
Quelques uns se servent au defaut de
cela de terreau de feüilles d'arbres

Bb iiij

pourries, ou de terreau de couches
simplement, faites un composé de
l'un ou l'autre de ces terreaux avec
la terre à potager ou autre dont
on a parlé, moitié par moitié,
mêlés bien le tout ensemble, & il
est bon que cette terre composée se
fasse à couvert, afin qu'il ne pleuve
pas dessus.

Quelques uns pour composer une
terre propre à l'oranger, se sont ima-
ginez de chercher de vieille terre d'é-
goûts, des bouës des rues ou des chemins séchées & consommées, de
cureurs de mares ou de fosses ou de
la fiente de pigeon, ils ont cru que
sans l'un ou l'autre de ces ingrediens,
un oranger ne faisoit que languir en
caisse. Mais comme on peut fort bien
s'en passer, on n'a qu'à suivre ce
qu'on a dit.

N'allez point faire comme certains Jardiniers qui plantent des o-
rangers dans du terreau tout pur, ou
de la poudre, cette terre n'a pas
assez de corps, & les sels qu'elle contient passent trop vîte & ne suffisent
pas pour nourir un oranger ; outre
que telle terre ne fait jamais motte,

& que lorſqu'il faut encaiſſer un arbre, on ne peut heureuſement en
venir à bout.

Il faut auſſi regarder en cela le marc
de vin, comme une choſe tres-peu
utile, n'ayant rien en lui qui puiſſe
contribuer à la vegetation : ce marc
ne peut que rendre legere la terre où
on le met, c'eſt tout l'avantage qu'on
en peut tirer. Si bien donc qu'on
voit comment il faut préparer une
terre qui convient aux orangers, &
qu'elle ſe fait ſans beaucoup de façon, & qu'on peut dire qu'ils y reüſ-
ſiſſent tres-bien.

Comment élever les Orangers tant de pepin qu'autrement.

On prend pour cela des oranges
bien meures, on en tire les pepins,
& on les ſeme au mois de Mars dans
des pots ou caiſſes pleines de terreau;
on les met deux ou trois doigts avant
dans terre & en rayon, & dans des
trous diſtans l'un de l'autre d'environ
deux pouces, ſauf à les éclaircir, s'ils
pouſſent tous.

Quand on veut ſemer des orangers
on prend ordinairement des bigara-

des , & de la graine qu'on feme, &
en vient des fauvageons, qui au bou
de deux ans font bons à tranfplanter
& quand ils ont fix ans ils peuven
être greffez , fupofé qu'on n'ait rien
épargné à leur culture.

De la Greffe des Orangers.

Ils fe greffent de deux manieres,
fçavoir en écuffon ou en aproche ; la
premiere fe fait à œil dormant depuis
le mois de Juillet jufqu'en Septembre. Cette greffe fe fait comme aux
arbres fruitiers.

Pour la greffe en aproche elle fe
fait au mois de May , & pour y réüffir, il faut que le fauvageon foit affez
gros pour y faire une entaille , &
quelquefois une fente pour y pouvoir apliquer , ou aprocher la branche de l'oranger, dont on veut multiplier l'efpece, & pour cela

Coupez un peu de l'écorce & du
bois des deux côtez de cette branche,
inferez-la aprés dans l'entaille que
vous avez faite dans le fauvageon,
envelopez l'un & l'autre de cire ou
de terre graffe & d'un linge par deffus pour la tenir en état, liez bien
ferme le tout enfemble, & le laiffez

ainsi jusqu'au mois d'Août de l'année
suivante, que la greffe doit être reprise. Ce qui paroît par la pousse
qu'elle a faite, & pour lors vous se-
parez ce sauvageon greffé de l'arbre qui a été aproché, ce qui se fait
en sciant ou coupant la branche
aprochée immediatement au dessous
de l'endroit où s'est fait l'aproche.
On éleve les citroniers de la même
maniere, & on greffe indiféremment
les orangers sur les citroniers & o-
rangers ; aussi-bien qu'on grefe les
citroniers sur les orangers. Mais il est
certain que les orangers réüssissent
mieux sur les sauvageons d'oranger
que sur les citroniers & balotins.

Il est aisé de distinguer les citroniers des orangers ; les premiers & les
balotins ont l'écorce jaunâtre, au lieu
que les orangers l'ont grisâtre, outre
que les feüilles de l'oranger ont à
leur base un petit cœur, & que celles
des citroniers n'en ont point. Les
orangers greffez sur les sauvageons
de leur espece donnent ordinairement de plus belles productions, &
moins sujettes à se dépoüiller, que
ceux qui ont été greffez sur des

citroniers ou des balotins.

Ce n'est pas qu'on ne s'avise gueres dans des climats temperez, de faire venir des orangers de pepins, il n'y a que la curiosité qui nous puisse y engager. Les Marchands Génois amenent assez de ces arbres dans bien des Provinces, qui sont assez forts, assez grands, & d'un prix assez médiocre, pour ne point s'amuser à en venir à un travail dont on vient de parler, pour en multiplier l'espece.

De ce qu'il faut considerer quand on achete des Orangers ou Citroniers.

Ce n'est pas le tout que d'acheter des orangers & des citroniers, il faut qu'ils soient bien conditionnez, & pour cela qu'ils aient la tige droite, saine, sans écorchure & d'une bonne hauteur; c'est a dire, depuis un pied & demi, ou deux pieds, jusqu'à trois ou quatre, & davantage s'il s'en trouve.

Il est necessaire aussi que ces arbres aient les racines saines, & on en connoît les defauts tant à l'égard de l'écorce que des racines, en cou-

pant ou ecorchant un peu, tant de la
tige & des branches que des racines.

Les uns & les autres doivent avoir
l'écorce un peu ferme, & d'un verd
jaunâtre. Il faut aussi que lorsque
cette écorce se détache du bois que
celui-ci soit un peu humide ; mais si
l'écorce de ces arbres paroît comme
pourrie, c'est mauvais signe, & un
tel oranger n'est propre qu'à jetter
au feu.

De quelques autres soins qu'ils exigent
de nous.

Quant aux orangers qui sont venus sans motte, il est bon avant que
de les planter, d'en racourcir les racines & les branches, qui sont dé-
pouillées de leurs feüilles, d'ôter le
chevelu de leurs racines, & de les
rafraîchir comme on le juge à propos ; ensuite on les met tremper dans
l'eau pendant cinq ou six heures, puis
on les plante dans de petits manequins, qu'on met aprés dans des couches mediocrement chaudes, & con-
struites dans des endroits peu exposez au soleil. Si elles y sont beaucoup
exposées, il faut couvrir ces jeunes

orangers de paillaſſons , & c'eſt avec
ces ſoins qu'on prend, qu'on ſauve
beaucoup de ces plants, qu'on laiſſe
dans ces couches juſqu'à la mi-Octobre , qu'il eſt tems de les porter dans
la ſerre.

L'année d'aprés , à la fin d'Avril,
ou au commencement de May , on
ſort ces orangers de ces manequins
avec toute leur motte pour les planter dans des caiſſes qui leur conviennent, & remplies de terre dont on a
parlé , puis on les cultive comme on
le va enſeigner dans la ſuite.

Si les orangers ſont venus en motte, & avec des branches & des feüilles, il faut examiner d'abord ſi cette
motte eſt bien naturelle ; car ſouvent
les Marchands en contrefont avec de
la glaiſe , ce qu'on peut connoître
aiſément par les manieres dont les
petites racines y tiennent. Il ne faut
qu'être un peu verſé dans le Jardinage pour dévoiler cette ſupercherie.

Si la motte eſt fauſſe , il faut l'ôter
tout à-fait, & planter les orangers
comme s'ils n'étoient qu'en bâtons;
mais ſi cette motte eſt naturelle, on
en ôtera le moins qu'on pourra.

De la motte on passe à la tête de
l'oranger, dont on en retranche toutes les branches chifonnés, & celles qui y causent de la confusion,
puis aïant égard à toutes les autres
branches qui restent, on les ménage
de maniere qu'elles y fassent la cimé-
trie & forment à l'oranger une tête
pleine & ronde.

Aprés avoir ainsi preparé l'oranger, on en fait tremper la motte
pendant un bon quart d'heure seulement, ce qui suffit pour qu'elle s'imbi-
be toute d'eau, ensuite on la met
égouter, puis on l'encaisse de la maniere qu'on le dira.

Ce qu'il faut considerer à l'égard des caisses.

Elles doivent toûjours être propor-
tionnées à la grandeur & à la gros-
seurs de l'oranger qu'on veut encais-
ser. Les caisses dont on se sert, font
ordinairement quarrées ; le meilleur
bois à faire des caisses est le chêne,
on en peut faire de vieilles douves
ou de merrein neuf, quand elles n'ont
environ que vingt & vingt-deux pouces ; mais si elles sont plus grandes

on les fait de bois d'assemblage. Le pied d'une caisse doit être de chêne, & ainsi il faut que le fond en soit solide afin qu'il puisse long-tems porter le fardeau qu'on y met, & résister à la pourriture que les frequens arrosemens y causent; ce fond doit être percé.

Des rencaissemens des Orangers.

On ne rencaisse jamais les orangers que la caisse ne soit brisée, & en état de ne le pouvoir pas contenir, ou que l'oranger n'exige lui-même qu'on le change de terre, ce qu'il donne à connoître par ses feüilles qui sont jaunes, & par ses jets qui sont petits; ce qui marque la foiblesse & le defaut qu'il y a de sels par raport à la terre, pour pouvoir le nourrir suffisament.

Quelquefois un jeune oranger venu d'un climat chaud dans un autre bien plus moderé, sera encaissé avec toutes les précautions imaginables, & cultivé de même, & malgré tout cela il sera un an ou deux sans pousser en racines ni en branches; il ne faut pas pour cela se rebuter, pourvû

vû que la tige & les branches donnent de bonnes marques de vie, c'eſt
une féve en léthargie, & qui quelquefois ne commence à agir que la troiſiéme année ; c'eſt pourquoi quand
cela arrivera, on cultivera toûjours
l'oranger à l'ordinaire, ſans ſonger
à le rencaiſſer.

Et pour rencaiſſer un oranger,
il faut en retrancher d'abord les deux
tiers de la vieille motte, & ſi la terre
de la caiſſe où eſt l'oranger paroît
legere, & qu'on crût que cet arbre
n'ait pas aſſez fait motte, on l'arroſe
amplement afin que la terre ſe joigne
mieux contre les racines, car lorſque
cette terre les laiſſe toutes nuës, l'o-
ranger ſans doute ſe dépoüille auſſi-
tôt de ſes feüilles.

Si la caiſſe où eſt l'oranger qu'on
veut rencaiſſer eſt encore bonne,
& en état de pouvoir ſoûtenir un
rencaiſſement, on s'en ſert, ſinon
on en prend une neuve.

Il eſt bon de ſçavoir, qu'en coupant les racines, tortilées &
entrelaſſées les unes dans les autres,
il faut bien prendre garde d'arracher tout ce qui eſt coupé, enſ.ite

Cc

on fait tremper la motte de l'oranger, quelque grosse qu'elle soit, ou
bien on l'arrose tant qu'elle en est
toute imbibée, & pour cela on prend
un bâton pointu, qui soit de bois
dur, ou une cheville de fer, avec
laquelle on perce la motte de tous
côtez, puis on y verse de l'eau petit
à petit, & à plusieurs reprises.

Mais avant que de mettre l'oranger en caisse, il faut en garnir le
fond de planches, pour donner jour
à l'eau des arrosemens de s'écouler
plûtôt, aprés cela on met par dessus
de la terre preparée comme on a dit,
environ autant qu'il en faut pour
poser dessus l'oranger de maniere
que la superficie de la motte soit à niveau du bord de la caisse, puis on a-
cheve de remplir les vuides qui sont
sur les côtez de la terre dont on vient
de parler,

Quelques uns en commençant de
mettre la terre sur les platras, & à
mesure qu'ils en mettent ce qu'il en
faut, la font fouler, ou avec le
poing, si c'est une petite caisse, ou la
font trepigner, puis ils posent l'o-
ranger dessus, de maniere que la su-

perficie de la motte excede le bord de
la caiſſe de trois pouces. Cette maniere d'agir fait que la terre aprés
que l'oranger eſt planté ne s'afaiſſe
point, & que par ce moyen l'oranger
même n'en ſoufre point, ce qui arrive
lorſqu'on en agit autrement.

Cela obſervé, on plante l'oranger
de maniere que la tige ſe trouve au
milieu de la caiſſe, & qu'elle ſoit bien
droite; enſuite pour remplir les pla-
ces qui ſont vuides autour de la
motte, on fait entrer à force, & avec
des bouts de douves autant de terre
qu'il en faut, & par ce moïen on
aſſure bien ſon arbre.

Et pour empêcher que la terre qui
excede de trois ou quatre doigs les
bords de la caiſſe ne vienne à tomber, & que principalement les arroſemens ſe puiſſent faire utilement,
ſans que l'eau ſe perde par les côtez,
on met des douves de quatre à cinq
pouces de hauteur ſur les quatre côtez de la caiſſe, & on les y fait entrer
à force, cela s'apelle *mettre des hauſſes.*

Enfin l'oranger étant planté & les
hauſſes placées, on fait un petit cerne profond de deux ou trois doigts

fur la fuperficie de la terre, enfuite,
à diverfes reprîfes, & petit à petit on
verfe de l'eau dans ce cerne pour
moüiller amplement la terre.

Des arrofemens neceffaires aux Orangers.

On vient donc de dire qu'il falloit
arrofer les orangers quand on les
rencaiffoit, & comment cela fe fai-
foit ; mais comme cela ne fuffit pas,
& qu'il eft néceffaire pendant l'année
de reïterer les arrofemens, on dira
que les orangers n'ont jamais plus
befoin d'eau que pendant les mois de
Mai, Juin & Juillet: mais il faut que
ces arrofemens foient moderez, &
que cela arrive feulement deux fois
la femaine. Voilà ce qu'on doit obferver quand les orangers font hors
de la ferre.

Mais quand on les y entrera, il
faut leur y donner une ample moüillure, de maniere que l'eau forte de
la caiffe par le bas. Quand on a ainfi
arrofé les orangers, on ne les arrofe
prefque plus dans cette ferre, fi ce
n'eft peut-être quelquefois que la faifon venant pour lors à fe radoucir, cet
arrofement fait plaifir aux orangers,

il faut auffi ouvrir les fenêtres de
la ferre & les portes.

Pendant que les orangers font dans
la ferre , il faut les netoïer des punai-
fes, s'ils en font atteints , & d'autres
chofes qui peuvent les rendre defagreables. Et lorfqu'on fort les orangers , on doit être foigneux de les
moüiller amplement & de les arrofer
pendant l'année , comme on a dit ci-
deffus ; il eft bon neanmoins d'ufer de
prudence en cela ; car qui les arrofe-
roit rop les mettroit en danger de jau-
ir, comme feroit celui qui leur épar-
gneroit les arrofemens.

Quant au froid, qui eft l'ennemi
mortel des orangers , & pour les en
garantir pendant l'Hiver , il n'y a
qu'à avoir une bonne ferre , en bien
fermer les portes & les fenêtres ,
& les calfeutrer avec de bons chaffis & du fumier. Il y en a qui aprou-
vent le feu dans la ferre ; d'autres
qui font d'avis contraire , ceux-
ci ne font pas des plus fuivis : ainfi
on fuivra en cela l'ancienne coûtume , mais il faut en ufer avec mode-
ration.

De la taille des Orangers.

Cette taille eſt bien diferente de
celle des arbres fruitiers, elle conſiſte ici à faire acquerir une belle tête à un oranger, & pour cela il faut
qu'elle ſoit ronde & aprochant de la
figure d'un champignon renverſé.

Cette taille doit être pleine ſans y
avoir néanmoins aucune confuſion
de branches, les branches qui la com-
poſent doivent être bien nourries, de
maniere qu'elles ne panchent point
du tout.

Il eſt bon qu'un oranger donne
beaucoup de fleurs & de nouvelles
branches tous les ans, c'eſt ce qui
contribuë entierement à la beauté de
ſa tête: ainſi que lorſqu'on eſt ſoigneux de le tenir net de toutes ſortes
d'ordures des punaiſes & des fourmis

Mais pour revenir à la taille qui
convient faire ſur les orangers, ſi on
y remarque un vuide dans la tête il
faut ſi l'arbre eſt vigoureux, attendre que la nature y ait pouſſé de nouvelles branches & les conſerver, &
que ſi au contraire l'arbre eſt languiſſant, on doit ravaller une ou deux

des plus groſſes branches, qui ſont
les plus proches de ce vuide; & comme indubitablement elles en jette-
ront de nouvelles, ce vuide ſe rem-
plira.

A l'égard d'un oranger imparfait
dans ſa rondeur, en ce cas il faut
ravaller la partie qui excede : Si cette
diformité neanmoins provient de
l'ignorance du Jardinier, qui aura
laiſſé pouſſer en liberté une ou deux
groſſes branches qui auront cauſé
ce deffaut, pour ne les pas avoir
pincées on taillées dans les regles. Si
bien que pour former la tête d'un o-
ranger, comme on le ſouhaite, il faut
ravaller toutes les branches échapées
& réduire tout l'arbre à ſe faire de
nouveau une belle tête.

Et pour dire en peu de mots ce
qu'il faut obſerver quand un oranger
n'a pas la beauté qu'on cherche en
lui, on ſera averti qu'il n'y a qu'à
tailler les branches qui en font la diformité, à l'endroit où l'on le juge-
ra à propos, & c'eſt toûjours celles
qui s'allongent le plus ſur leſquelles
on doit faire cette operation.

S'il y a des branches qui panchent

en bas, parce qu'elles font foibles,
il faut en ôter une partie, & fur tout
celles qui ne contribuent en rien à
la figure, & tâcher de donner quelque fecours nouveau à l'oranger
pour le nourrir, & lui faire par là
donner de plus belles branches.
Cette operation fe doit faire dans le
tems que les arbres pouffent.

Il faut remarquer à l'égard des
orangers, qu'il n'eft gueres de branche, de quelque endroit qu'elle puiffe fortir, qui ne naiffe accompagnée
d'une autre, ou de deux même ; en
ce cas on laiffe la plus belle, & on
retranche les deux autres ; & fi celle
qu'on a laiffée s'allonge trop, il faut
la tailler à un demi pied de longueur.

Il n'y a rien de plus neceffaire dans
la taille des orangers que le pincement, les branches pincées en
repouffent bien-tôt d'autres qui produifent un tres-bon éfet, quand elles
font bien placées; mais fi elles y naiffent en trop grande confufion, & que
ce foit à l'extremité, il n'en faut laiffer aucune, à moins qu'elle ne contribuë à la beauté de la figure.

Le

Le temps de la grande pouſſe des orangers eſt le mois de Juin, c'eſt pour lorſqu'il faut être ſoigneux de les ébourgeonner, les pincer & les arroſer, comme on a dit. On ne fait pas grand cas des jets qui viennent vers la fin d'Août, dautant qu'ils périſſent dans la terre s'il n'ont pas été aſſez Aoûtez.

L'ébourgeonnement eſt un renouvellement dans les orangers ; car d'attendre à éplucher ces arbres que les fleurs en ſoient paſſées, c'eſt s'expoſer à voir leurs branches toutes pleines de toupillons, & par conſéquent d'ordures & de punaiſes.

Remede pour les orangers languiſſans.

Quand un oranger eſt infirme, ſoit pour avoir été mal encaiſſé ou lui avoir donné une terre qui ne lui convenoit point, ſoit qu'il eût ſoufert dans la terre ou autrement, il faut pour le rétablir en venir à une terrible operation ; c'eſt à dire, on le décaiſſe entierement pour en ôter les deux tiers de la motte : mais il eſt bon de conſiderer ſi la terre en eſt ſéche, & pour lors il faut la moüiller trois ou quatre

Dd

semaines avant que de l'ôter de la terre.

Si les orangers ne font encaiffez que d'un an ou deux, on ôte toute la terre de la caiffe, fi vous en avez; exceptez la motte de l'oranger; fi on voit que la terre foit trop peu fubftantielle, ou trop forte, vous remplirez vôtre caiffe d'une autre qui fera meilleure, fans ébranler l'arbre. Il faut bien gliffer cette terre au tour de la motte, puis l'arrofer aprés amplement ; cela s'apelle donner aux orangers un demi rencaiffement.

Cela fait, on vient à la tête des orangers, & ou en rogne toutes les extrémitez des branches, Il ne faut pas s'étonner fi un oranger nouvellement rencaiffé eft quelquefois affez long-tems fans rien faire, comme s'il étoit engourdi, il y a efperance quil fera fon devoir, c'eft pourquoi on doit attendre fans s'impatienter.

D'autres foins qui regardent les Orangers.

Quand il eft queftion de tranfporter les caiffes dans la ferre, ou de

les en ôter , pour les placer dans e
jardin, on fe fert de civiéres pour
les petits, ou de gros bâtons qui avec
de bons crochets embraffent les
caiffes des deux bouts , ou qui avec
des cordes envelopent les quatre
pieds. Si les caiffes font trop groffes,
on fe fert de chariots fort bas & fur
lefquels à force de leviers on fait
monter les caiffes.

Ce tranfport des orangers de la
ferre dans le jardin commence à fe
faire à la mi-Mai, & ils reftent là
jufqu'à la mi-Octobre, qu'on les
remet dans la ferre. L'expofition qui
leur convient le mieux, eft le midy,
ou le Levant. Il faut placer les caiffes
le plus en ordre qu'il eft poffible,
& de maniere que cela faffe une
figure fort agreable. Il faut remarquer que tout ce qu'on a dit ici des
orangers, fe doit entendre des citroniers.

Des Oranges ou Citrons.

Toutes les oranges font douces
ou aigres, ou aigres-douces On fe
fert des premieres pour les fauffes, &
des autre pour manger. Les petites

Dd ij

oranges de la Chine font fort agréables ; Il y a des oranges dont l'écorce eft extrémement groffe & épaiffe : ces oranges ont fort peu de jus.

Les oranges qu'on doit laiffer fur l'arbre font celles qui viennent fur les jets de l'année, & qui fleuriffent à la fin de Juin où jufqu'à la mi-Juillet il n'en faut gueres laiffer deux enfemble à une même extrémité, parce qu'elles fe nuifent l'une l'autre.

Les oranges qui viennent en Juin & en Juillet, ne font d'ordinaire bonnes à cueillir que quatorze ou quinze mois aprés, lorfqu'elles commencent à jaunir.

TRAITE' DES CHASSES,

DE LA

VENERIE,

ET

DE LA FAUCONNERIE,

Avec

La maniere de connoître les bons Chiens, & une instruction aisée pour la Pêche.

CHAPITRE PREMIER.

De la connnoissance des bons Chiens.

L A Chasse est un plaisir noble, & qui n'apartient qu'à la Noblesse; il y en a de plusieurs sortes, comme

Dd iij

nous le ferons voir dans la suite de ce petit Traité, & qui se pratiquent de differentes manieres, c'est-à-dire, avec des chiens courans, des Levriers mâtins, chiens couchans, Braques, Epagneuls, & Bassets. Voïons quelles marques naturelles doivent avoir les couchans pour être bons.

Les plus estimez sont ceux qui ont les oreilles longues, larges & épaisses, & le poil de dessous le ventre gros & rude; ce n'est guéres qu'aprés trois mois que ces marques se rendent sensibles. C'est un bon signe quand ils ont les nazeaux ouverts; parce qu'ils sont ordinairement de haut nez.

Pour les bien élever, on les fait nourrir aux Villages; la chair ne leur vaut rien, elle leur gâte l'odorat, & les rend paresseux; il faut bien se donner de garde de les laisser aller aux garennes, cela les rends sujets au change, ce qui ne vaut rien dans un chien courant. C'est à dix mois pour l'ordinaire qu'on commence à les mettre au cheni.

La premiere leçon qu'on leur donne, est le forhuz, qu'on leur aprend

à entendre, & pour cela, un valet
de Chasse, ou quelqu'autre personne entenduë dans la Chasse, mene
ces chiens un peu à l'écart, sonne
du cor, & crie *Ty-abillant* pour le
Cerf, & *Vacy* aller pour le Lievre ;
pendant qu'une autre personne qui
les tient en lesse, les découple en
criant, *écoute à lui tirez, tirez.*

Quand les chiens sont au forhuz,
on leur donne à manger quelquecho-
se pour les afriander à cet exercice.

La personne qui sonne du cor ne
doit point sortir de sa place ; & quand
les chiens sont un peu en humeur,
elle doit recommencer à forhuer, &
à sonner en criant comme l'autre,
tandis que celui-cy les menace, &
les houssine, leur disant, *écoute à lui*
tirez, tirez.

Lorsque ces chiens sont arrivez, on
leur donne encore à manger pour les
accoûtumer, & de cette maniere ces
deux maîtres en fait de chiens qu'on
instruit, les envoïent l'un à l'autre,
puis ils les couplent en les caressant.

Les chiens ne sont bons à courre le
Cerf qu'à seize ou dix-huit mois, encore ne faut-il les y mener qu'une

fois la femaine, pour les y rendre
forts petit à petit : ce n'eft qu'à deux
ans que cette force leur vient.

Pour bien inftruire les chiens pour
Cerf, on ne doit point leur faire courir une Biche, parce que fon fentiment eft tout autre, & fa curée produit des effets tout differens.

Ces chiens ne doivent point être
dreffez dans des toiles, parce qu'y
voïant le Cerf quitournoye toûjours,
& étant accoûtumez à cet objet, ils
ne font aprés que lever le nez &
tournoyer fans chaffer, quand ils
chaffent hors des toiles.

Le matin ne vaut rien pour faire
chaffer les chiens, parce qu'ils fe rebuttent quand ils ont fenti le Soleil.

Le meilleur tems de dreffer les
chiens, eft quand les Cerfs font en
leur grande venaifon, & pour lors,
on choifit une foreft où les relais feront bien juftes & à propos, on met
tous les jeuneschiens avec quatre ou
cinq des vieux pour les dreffer, on
fait lancer le Cerf auprés d'eux, &
on les découple deffus.

Des diferentes sortes de Chiens, & de la variété de leurs poils.

Il y a des chiens sous plusieurs poils, ce qui les rend par consequent d'un temperament different ; il est bon de dire quel est sur cette matiere le sentiment de ceux qui se sont attachez à les connoître à fond.

Il y a des Bassets, des Braques, des Levriers, des Chiens Couchans, des Epagneuls & des Chiens courans ou Allans, qui chassent par la force de l'odorat ; entre les Chiens François quelques-uns sont appellez de *race roiale*, parce qu'ils courent à force les Cerfs, Chevreüils, Loups & Sangliers.

Il y en a d'autres *de race commune*, qui chassent seulement le Chevreüil, les Loups & le Sanglier ; d'autres *de race mêlée*, ou *petite race*, qui chassent les Lievres, tant dans les bois que dans la plaine.

On a aussi des Chiens Anglois de trois sortes ; ceux de la *race roiale* servent à chasser les Cerfs, Daims & Chevreüils ; les *Chiens baubis* sont pour les Liévres, les Renards, &

les Sangliers : on leur coupe presque toute la queuë ; ils sont plus bas de terre & plus longs que les autres, de gorge effroïable ; ils heurlent sur la voye, ils ont le nez dur, & sont barbets à demi poil. Les *Bigles* sont pour les Lievres & les Lapins ; il y en a de grands & de petits, & sont excellens pour courre le Lievre dans les Plaines.

Les Levriers sont Chiens à hautes jambes, qui chassent de vîtesse, & non par l'odorat ; ils ont la tête & la taille déliée & fort longue. Il y en a plusieurs especes : les plus nobles sont pour le Lievre, & les meilleurs viennent de France, d'Angleterre, & de Turquie ; ce sont les plus vifs animaux qu'il y ait. Il y a des Le-vriers à Lievres, des Levriers à Loups, & tous les plus grands sont pour courre le Loup, le Sanglier, le Renard, & toutes les grosses bêtes ; ils viennent d'Irlande & d'Ecosse, & on les appelle Levriers d'attache : on les fait combatre contre des Buffles & des Taureaux, & il y en a dans la Scythie qui attaquent les Lyons, & les Tigres. Les petits Le-

vriers font pour courre les Lapins,
& ils viennent d'Angleterre, d'Efpagne & de Portugal. Il faut mettre
dedans les jeunes Levriers avec de
vieux Chiens à dix-huit mois. Les
francs Levriers ou mêtifs font mêlez
de Chiens courans, ou de Chiens
qui rident naturellement ; ils vont
en bondiffant, & fe nomment ordinairement *Charnaigres.*

On appelle auffi Levriers, des
Levrons d'Angleterre, qui chaffent
aux Lapins ; mais on s'en fert plus
pour le plaifir que pour la Chaffe.

On appelle *Levriers harpez*, ceux
qui ont les devans & les côtez fort
ovales, & peu de ventre. Les *Levriers
gigotez*, font ceux qui ont les gigots
courts & gros, & ceux aufquels les
os font éloignez : on dit *Levriers
nobles*, quand ils ont la tête petite
& longue, l'encolure longue & déliée, & le rable large & bienfait.

On nomme *Levriers œuvrez*, ceux
qui ont le palais noir. On parle aux
Levriers, en criant : *Ah levriers* : &
quand c'eft aprés le Renard, *hare
hare.*

Les *Chiens braques* font des efpeces

de Chiens de chasse, qui sont bons quêteurs, & qui excellent par l'odorat ; ils sont de même allûre que les Turcquets & Mêtis.

Nous avons encore les Limiers propres à la chasse ; ce sont des Chiens muets, qui servent à quêter & à détourner le Cerf. Les *Chiens couchans* sont encore fort estimez, & sont Chiens de l'arquebuze, & qui chassent de haut nez & arrêtent tout. Les meilleurs viennent d'Espagne ; Ils servent à faire lever les Perdrix & les Cailles, & ces Chiens sont au poil & à la plume ; on dit que ces Chiens *piquent la sonnette*, pour dire, qu'ils courent trop vigoureusement aprés l'oiseau.

Les *Epagneuls* ou *Espagnols* sont des Chiens qui chassent de gueule, & forcent le Lapin dans les brossailles ; ils rident & suivent la piste de la bête sans crier ; ils sont bons aussi pour les oiseaux, & chassent le nez bas. Il y a encore des *Chiens grifons*, qui est une espece de Chiens qui chassent le nez haut, & qui arrêtent tout. Ils viennent d'Italie & de Piémont.

Les *Bassets* sont appellez autrement, *Chiens de terre*, parce qu'ils
entrent dans les tanieres des Renards
& des Taissons ; ils viennent de
Flandre & d'Artois : ils attaquent
tout ce qui s'enterre, comme Blaireaux, Renards, Chats, Putois,
Foüines & Chacharets ; ils quêtent
bien, & servent aussi à l'arquebuse :
ils sont noirs à demi poil, avec la
queuë en trompe : il y en a qui ont
double rang de dents, comme les
Loups, & qui sont sujets à mordre,
qui ont les pattes de devant tortuës.
On parle aux Bassets, en leur criant :
Coule, coule, Bassets.

Les *Dogues* sont encore utiles pour
chasser, & on les employe pour
assaillir les grosses bêtes, comme
des Taureaux, des Lions, &c. L'on
met les *Chiens mâtins* dans le vautrait
pour chasser au Sanglier.

On nomme *Chiens allans* ou *gentils*,
de gros Chiens, qui en allant dé-
tournent le gibier : on appelle *Chiens
Trouvans* ceux qui vont requerir un
Renard, quand il y auroit vingt-
quatre heures qu'il seroit passé. Les
Chiens Batteurs sont les plus estimez

pour le Chevreüil.

On se sert aussi à la chasse de *Chiens secrets*, qui ne sont autres que des Limiers, qui poussent la voye, sans appeller : on les appelle aussi *Chiens muets*, & on dit alors qu'ils rident; au contraire on nomme *Chien babillard*, celuy qui caquette, & qui crie hors la voye.

Il y a les *Chiens menteurs*, qui sont ceux qui celent la voye pour gagner le devant ; tels Chiens, quand ils sont bien instruits, empêchent que le gibier ne prenne le change.

Les *Chiens vitieux* sont ceux qui chassent tout ce qu'ils rencontrent, & qui s'écartent toûjours de la meute. Ces Chiens sont à mépriser pour toutes sortes de chasses, au lieu qu'un Chien *de bonne creance* ou *de bonne affaire*, qui est docile par consequent & obéïssant, quand on luy parle, est fort à rechercher, parce qu'il chasse de fort long ; il sent de loin le gibier, & ne se trompe point au bruit.

Un *Chien sage* est celui qui chasse bien, qui tourne juste : un *Chien de tête*, & un *Chien d'entreprise*, sont des

Chiens hardis & vigoureux : on s'en
sert ordinairement pour chasser noir.

Du naturel des Chiens, par rapport
chacun à leur poil.

Du Chien blanc.

Les Chiens blancs ne sont pas
communément propres à courre
toute sorte de bêtes ; mais ils sont
excellens pour le Cerf, sur tout
lorsqu'ils sont tout blancs ; c'est-à
dire, lorsqu'ils sont nés sans aucune
autre marque ; & l'experience a fait
connoître qu'on devoit estimer de
tels Chiens, à cause de leur instinct
particulier à bien faire ce à quoy ils
sont destinez, étant beaux Chasseurs,
ayant le nez merveilleux, & la me-
née belle ; & enfin on en fait cas,
parce que de leur nature ils sont
moins sujets aux maladies que les
autres, par rapport à la pituite qui
les domine, & qui les rend d'un temperament plus ordonné.

Des Chiens noirs.

Le poil noir dans un Chien courant n'est point à rejetter, sur tout

lorſque les marques qu'il a d'ailleurs
ſont blanches, & non pas rouges;
cette blancheur provenant d'un
temperament pituiteux, qui joint
au flegme dont tel Chien eſt rempli,
fait qu'il n'oublie point les leçons
qu'on lui donne, & qu'il s'y rend
obéïſſant : au lieu que celuy qui a
des marques rouges eſt pour l'ordinaire trop ardent, & fort difficile à
corriger, la bile étant l'humeur pour
lors qui cauſe ce deſordre au dedans
de luy.

Qu'on ſçache donc qu'un Chien
noir à marques blanches eſt à eſti-
mer. Tel Chien a pour l'ordinaire
de la hardieſſe beaucoup, il chaſſe
bien, il eſt fort & vîte, & tient
long-temps ; il ne quitte point le
change, & lorſqu'il s'agit de battre
les eaux, elles ne luy font point
peur comme aux blancs, dans quelque ſaiſon que ce puiſſe être ; & enfin, on l'aime auſſi parce que les
maladies des Chiens luy arrivent
rarement.

Des Chiens gris.

Il eſt des Chiens gris qui ſont bons
&

& d'autres qui ne sont propres qu'à
rejetter, comme par exemple, ceux
qui sont métifs, c'est-à-dire, qui sortent d'une Chienne de race de Chien
courant couverte d'un autre Chien
qui n'en est pas ; ou bien ceux qui
naissent d'une Chienne qui n'est
point courante, par l'accouplement
d'un Chien de cette espece.

Les Chiens courans, pour être
bons, doivent tenir entierement
leur nature de celle qui leur est propre ; cela étant, les Chiens gris doivent être recherchez, parce qu'ils
sont sages, qu'ils ne coupent jamais,
& qu'ils ne se rebuttent point de re-
quêter : il faut dire aussi qu'ils n'ont
pas l'odorat si fin que ceux dont on
vient de parler ; mais ils ont d'autres
qualitez qui les dédommagent d'ailleurs ; ces Chiens sont infatigables
à la Chasse, étant d'une comple-
xion plus robuste que les autres, le
chaud ni le froid qu'ils ne craignent
point, leur étant indifferens.

Des Chiens Fauves.

Un Chien Fauve est un Chien qui
a le poil rouge, tirant sur le brun ;

& comme c'est la bile qui agite le plus cet animal, aussi le voyons nous être d'un instinct étourdi, & impatient lorsqu'une bête qu'il chasse tourne, aimant naturellement pour lors à prendre les devants pour la trouver par là ; ce qui est un défaut dans un Chien : c'est pourquoy aussi on ne les employe gueres qu'à courre le Loup, & les Bêtes noires qui tournent rarement ; ils sont trop vîtes, crient fort peu, sur tout dans les grandes chaleurs : ils sont impatiens, & aussi difficiles à instruire, que mal-aisez à corriger, lorsque fort souvent ils ne gardent pas le change, & sont plus maladifs que les autres, à cause de leur trop d'ardeur, qui les fait chasser au-delà de leurs forces.

Des veritables marques d'un bon Chien.

On reconnoît qu'un Chien courant est bon, lorsqu'il a les oreilles longues, larges & épaisses, & qu'on luy sent en luy passant la main sous le ventre, qu'il a le poil gros & rude;

ce qui ne fe remarque guéres qu'à-
prés trois mois.

Comment il faut élever les Chiens courans,
lorfqu'ils font petits.

On fupofe qu'un petit Chien forte
d'une mere de bonne efpece, c'eft
à dire, qu'on a choifie haute, longue & de large flanc, avec les poils
les meilleurs, dont on fe fouviendra
qu'on a parlé ci-deffus.

Cela étant, & les Chiens ayant
pris l'être, on les laiffe trois mois
fous leurs meres, aprés lequel temps
on les retire pour les donner à nourrir au Village où ils demeurent
jufqu'à dix mois ; n'oubliant pas de
recommander à ceux qui en prennent le foin, de ne leur point laiffer
manger de la charogne, & de les
empêcher d'aller dans les garennes :
car cela ne peut que leur préjudicier.

Le pain dont pour lors il faut les
nourrir, doit être de froment, à caufe
que celuy de fegle paffe trop vîte ; &
eft d'une fubftance trop legere, ce
qui ne leur fait acquerir qu'un rable
étroit ; au lieu qu'un Chien courant
le doit avoir large : on les entretient

ainsi jusqu'à l'âge de dix mois, qu'on les retire pour les mettre au champ parmi les autres, afin de les accoûtumer de vivre avec eux.

Aprés qu'on a retiré les Chiens on commence petit à petit à les coupler avec les autres, afin qu'ils s'accoûtument de même d'aller en chasse, & cinq ou si jours d'un tel exercice, suffisent pour les obliger de faire comme les autres; & pour les rendre sages, on doit souvent, la houssine à la main, leur faire sentir ce qu'elle pese, soit lorsqu'ils se battent, ou qu'ils crient à contre-temps.

Il faut être soigneux de les visiter souvent dans le chenil, & de les y tenir les plus nettement qu'il est possible : & comme ce n'est que par le moyen des organes, que tout animal est susceptible d'impression, les Chiens aussi ne peuvent apprendre ce qu'on leur veut signifier par le son du cor, qu'auparavant on ne le leur ait fait comprendre; c'est pourquoy lorsqu'ils sont en bas âge & dans le chenil avec les autres, on leur doit sonner quatre ou cinq fois le ton grêle, afin de les animer.

Quand on accouple les jeunes Chiens, il faut prendre garde que ce soit avec quelque vieille lesse pour leur apprendre à suivre, & les attirant par quelques appâts, on les mene promener ainsi dans les commencemens.

Tout ce que dessus exactement observé, on a soin après de leur faire apprendre le forhus de cette maniere.

Le valet à qui le soin des Chiens est commis, se munit d'abord d'une gibeciere, qu'il remplit de quelque friandise, pour donner à ces jeunes Chiens; puis s'écartant un peu d'eux il sonne du cor, en criant *ty a hillaut*, pour le Cerf, & *va luy aller*, pour le Liévre; il ne doit point cesser de sonner, & de crier ainsi jusqu'à ce que les Chiens soient arrivez à luy, tandis qu'un autre qui les tient les découple en criant, *écoute à luy, tirez, tirez, tirez*: lorsqu'ils sont au forhus, c'est-à-dire, aux friandises qu'on leur donne; celui qui les tenoit accouplez, ne manque point à son tour, & sans se remuer de sa place, de forhuer & de sonner du cor, & de les appeller comme le precedent; & pour lors celuy auprés duquel ils ſont, ayant une houſſine en main, la leur fait ſentir en criant, *écoute à luy, tirez, tirez*; & ces Chiens étant retournez d'où ils étoient premierement ,partis, on obſerve de leur donner à manger quelque choſe comme auparavant, afin de les obliger à obéïr une autre fois au ſon du cor, & de la voix ; cela fait, & étant allé & revenu, on les accouple doucement l'un avec l'autre.

De la maniere d'inſtruire les Chiens à courre le Cerf.

Les Chiens ayant appris le forhus, & le ſon du cor & de la voix, ayant fait ſur les fibres de leur cerveau telle impreſſion qu'on en eſpere, on commence pour lors, & quand ils ſont âgez de ſeize ou dix-huit mois, à les deſtiner pour le cerf ; & pour les y accoûtumer, on les y mene une fois la ſemaine ſeulement.

S'agit-il de forcer un cerf? cette execution nous porte à trois obſervations ;

La premiere, qu'il faut bien ſe donner de garde de faire chaſſer une

biche aux chiens, à caufe de la difference de fentiment qu'il y a entre
elle, & le cerf.

La feconde, de ne point inftruire
les Chiens dans les toiles, parce que
voyant toûjours le cerf, à caufe
qu'il ne fait que tournoyer, ce cerf
leur rompt en vifiere, fi tôt qu'ils
le chaffent hors des toiles, on ne le
perd point de vûë : & pour lors levant le nez fans ceffe, ils ne font
chofe qui vaille, & l'abandonnent
incontinent.

Et enfin, la troifiéme eft, que
s'étant fait une habitude de chaffer
le matin, fi on la leur fait perdre,
ils demeurent toûjours en état de ne
pouvoir plus rien faire, lorfque le
Soleil eft levé ; c'eft pourquoy il faut
s'en abftenir.

De plus, comme il eft un temps
que le cerf eft en plus grande venaifon que dans un autre, il eft neceffaire de choifir celuy où il y eft
davantage , pour mieux dreffer les
jeunes Chiens , & laiffer paffer, s'il
fe peut, le mois d'Avril & celuy de
May, où cette graiffe les tient moins.
Ce temps paffé , & dans un autre où

il y fait bon on mene les jeunes chiens dans une forêt ; où y étant, on fait chasser un cerf qu'on lasse ; puis observant de le faire passer proche d'eux, on découple les jeunes chiens dessus, qui ne trouvant rien pour lors à poursuivre au dessus de leurs forces, s'animent à la vûe de leur proye, qu'ils atteignent, & qu'on met à mort ; & pour obliger ces jeunes animaux à bien faire à la premiere occasion, où le cerf est tué, on leur en fait curée, & tous les piqueurs presens doivent parler à ces Chiens, pour s'en faire connoître, & distinguer le ton de leur voix.

Des maladies des Chiens, & les moyens d'y remedier.

Les Chiens étant des animaux sujets à corruption, ils ont comme les autres, leurs maladies particulieres qui les attaquent ; la rage est celle dans eux, qui cause le plus de désordre.

De la rage.

Sous ce mot de rage on en comprend

prend sept especes, dont il y en a deux d'incurables ; sçavoir, la rage chaude, & la rage courante. La premiere est un poison qui les mine d'une telle maniere, qu'en peu de temps ils en meurent, & elle se connoît à leur queuë qu'ils portent toute droite, & lorsqu'on les voit se ruer indifferemment sur toutes sortes d'animaux, sans regarder où ils se jettent, & enfin à leur gueule qui est noire, sans aucune écume : & la seconde, qui n'est pas si dangereuse, se remarque à leur maniere de se jetter sur les Chiens, qui sont les seuls à qui ils en veulent pour lors, épargnant l'homme & les autres animaux ; au contraire ceux-ci la portent entre leurs jambes, & marchent comme fait un Renard : ces deux especes (comme on a dit) ne se peuvent guerir ; mais en voici cinq autres differentes, ausquelles on peut apporter du remede.

De la Rage mûë.

La rage mûë est celle dont on parlera d'abord, & l'on connoît qu'un chien en est atteint, lorsqu'il ne

veut point manger, ayant toûjours
la gueule ouverte, & se trouvant
comme embarrassé de quelque os au
gosier, qu'il tâche d'ôter avec sa
patte, & cherchant pour remede au
mal qui le devore toûjours, les lieux
frais, & se plongeant par tout où il
trouve de l'eau : on connoît assez
par ces symptômes, qu'il faut que
ce soit quelque humeur maligne,
qui lui échauffant extraordinaire-
ment les entrailles, l'oblige par les
vapeurs qu'elle luy envoye aux parties superieures ; à courir à tout ce
qu'il connoît être froid ; mais cela
luy serviroit de peu, si l'on ne le se-
couroit du remede que voici.

Remede.

Prenez la pesanteur de quatre
écus d'une racine nommé *spatula pu-*
trida, dite passe-rage, mettez-la dans
un pot plombé, avec autant pesant
de jus d'ellebore noir, & de celuy
de rhuë ; & au défaut de jus, faites
en une décoction ; passez tous ces
jus ensemble dans un linge avec vin
blanc, mettez-en dans un verre :
cela fait, joignez à cette decoction

deux dragmes de scammonée non preparée, & puis faites la avaler au chien malade, en luy tenant la gueule en haut, ce remede pris, saignez-le à la gueule: laissez le reposer aprés cela, & il guerira.

De la Rage tombante.

Cette espece de rage s'appelle tombante, à cause que les chiens qu'elle attaque, en sont si travaillez, qu'ils en tombent à tous momens par terre sans se pouvoir soûtenir; & l'on remarque qu'elle n'est pas si mauvaise que la premiere, à cause qu'ils ne se rüent sur personne : cette maladie n'ayant aucune malignité, qui leur démonte le cerveau, comme les précédentes.

Remede.

Pour réüssir à guerir la rage tombante on prend la pesanteur de quatre écus des feüilles ou de la graine de peane, avec autant pesant de jus de racines du parc, & autant de jus de croisette; quatre dragmes de stafiagre, le tout mêlé ensemble; & cette mixtion étant faite, on la fait

avaller au chien, de la même maniere qu'on l'a dit ; ce breuvage pris
on luy fend les deux oreilles, ou
bien on le saigne aux erres.

De la Rage endormie.

Si-tôt qu'un chien est attaqué de
cette maladie, il est toûjours couché
& semble vouloir toûjours dormir :
cet assoupissement, dit-on, luy vient
d'une humeur froide & chaude, qui
lui occupant le cerveau, l'engour-
dit, & le fait plus ou moins dormir, que le temperament froid domine sur le chaud qui lui en empêche.

Remede.

Pour purger le cerveau de cette
humeur maligne, qui le rend ainsi
assoupi, on prend la pesanteur de six
écus de jus d'absinthe, & de la poudre d'aloës le poids de deux seulement ; on y joint autant pesant de
corne de cerf brûlée, avec deux
dragmes d'agaric, le tout mêlé ensemble, avec la pesanteur de six
écus du vin blanc, puis on fait avaller ce remede au chien, qui enguerit.

De la Rage efflanquée.

Il n'y a que les vieux chiens, qui pour l'ordinaire font attaquez de cette maladie ; & lorfqu'elle leur arrive, leurs flancs en font fi refferrez, & leur battent de telle maniere, que la douleur qu'ils en reffentent, les mine tant, qu'enfin ils en meurent, à caufe d'une langueur qui les abbat, & à laquelle ils ne fçauroient refifter. Point de remede à cette maladie.

De la Rage rhumatique.

Cette efpece de rage eft caufée aux chiens par une trop grande abondance de fang, qui venant à boüillonner, fait une fermentation, d'où il ne part que des vapeurs malignes, qui leur montant au cerveau, les troublent non-feulement, mais encore leur rendent la tête enflée, & les yeux fi gros, qu'ils leur fortent de la tête.

Remede.

Pour remedier à cette maladie, ayez du fenoüil, faites-en une dé-

coction d'environ la pesanteur de six
écus, & un autre de guy du poids
de quatre, autant de celle de lierre,
avec aussi pesant de jus de polipode;
mêlez le tout ensemble dans un
poëlon, faites-le boüillir avec du
vin blanc, & lorsque ce breuvage
est réfroidi, donnez-le au chien, &
le laissez de repos.

De la Galle.

Outre les infirmitez dont on vient
de parler, les chiens sont encore
attaquez de la galle, qui ne leur
vient pour l'ordinaire, que d'un
sang échauffé & corrompu, & cet
inconvenient les fait languir, si l'on
n'a soin d'y apporter du remede.

Remede.

Prenez trois livres d'huile de noix,
une livre & demie d'huile de cade,
deux livres de vieux-oing; trois livres de miel commun, une livre &
demie de vinaigre, faites boüillir
le tout ensemble, ajoûtez-y deux
livres de poix & autant de poix-ré-
sine, & une demie livre de cire neuve; fondez-le tout dans un même

poëlon, remuez-le, & étant fondu,
mêlez y une livre & demie de soûfre, deux livres de coupero se recui-
te, trois quarterons de verdet ; re-
muez encore cet onguent, jusqu'à
ce qu'il soit froid : & étant ainsi fait
prenez les chiens qui sont infectez
de galle, lavez-les avec de l'eau &
du sel, puis mettez-les devant un
bon feu, frottez les de cet onguent,
attachez-les prés de ce feu, laissez-
les y pendant une bonne heure,
donnez-leur y à boire, puis soignez
de leur donner une nourriture qui
les raffraîchisse, aprés cela ils gue-
riront.

Autre Remede.

Vous prendrez une livre de sain-
doux, trois onces d'huile commune,
quatre onces de fleur de soûfre, du
sel bien pilé & passé, & de la cendre
bien menuë, deux onces de chacun:
vous ferez bien boüillir le tout ensemble, jusqu'à ce que le sain-doux
soit entierement fondu, observant
de remuer le pot de terre, dans lequel feront tous ces ingrediens, afin
qu'ils s'incorporent tous l'un dans
lautre. Ff iiij

Cet onguent ainsi fait, vous en graisserez tout le corps du Chien galleux, mais en plus grande quantité sur les endroits où il y aura de la galle, & toûjours à l'ardeur du soleil ; avec cela, il faut le tenir proprement, & le laver deux fois avec de la lessive.

Mais si par un surcroît de malheur le poil venoit à luy tomber, il faudra pour lors laver le chien avec de leau de féves, & le graisser avec du vieux oing. Ce remede seul guerit les chiens de la galle, leur fait revenir le poil, & mourir leurs puces.

Du Flux de Ventre.

Les trop grandes fatigues que les chiens endurent à la chasse, & les frimats qui les morfondent pour lors, leur causent le flux de ventre.

Remede.

On sçaura que cette maladie parmi ces animaux est contagieuse, & qu'ainsi il faut observer de les separer les uns des autres, si tôt qu'on s'aperçoit qu'il y en a d'atteints, &

de les mettre dans un lieu où ils
puiſſent être chaudement : cela fait,
on leur donne de la nourriture ſans
ſel , avec du potage où l'on mêlera
de la terre ſigillée ; ſi ce remede n'o-
pere point , on ſe ſert de farine de
féve dont on fait de la boüillie fort
épaiſſe , dans laquelle on met auſſi
de la terre ſigillée , puis on la donne
au chien qui en guerira s'il eſt jeune.

Des Poux.

On garantit les Chiens des poux
qui les incommodent en prenant
des feüilles de cerne , & de celles
de la paſſe & de mente , qu'on fait
boüillir enſemble avec de la cendre;
cela fait , on y mêle deux onces de
ſtafiagre en poudre, qu'on fait auſſi
boüillir ; puis paſſant le tout dans
un linge , on diſſout dans cette décoction deux onces de ſavon ordinaire , avec une once de ſaffran ,
& une jointée de ſel ; aprés quoy
on lave le chien galleux , & il en
guerit.

Ce remede eſt propre auſſi pour
les puces & autres vermines qui
ſurviennent à ces animaux.

Des Vers, & des moyens de les faire mourir.

Prenez des noix quand elles font encore vertes, pilez-les, mettez-les dans un pot avec une chopine de vinaigre ; laissez tremper le tout pendant quatre heures : ce temps écoulé, passez le tout dans un linge, après l'avoir fait boüillir pendant deux heures ; mettez après cette decoction dans un pot, ajoûtez y une once d'aloés épatique, une once de corne de cerf brûlée, une once de poix-raisine, remuez-le tout, prenez en, frottez en l'endroit où paroissent les vers, & ils mourront.

La demangeaison, comme tout le monde là vient dans l'Eté aux oreilles des chiens, de sorte que les mouches qui s'y posent, les fatiguent terriblement & les oblige sans cesse à se gratter avec leur pattes. Pour les en guerir, on fait d'une poudre quo'n leur jette sur la partie où la demangeaison est excitée : voici qu'elle elle est.

On prend quatre onces de gomme & d'onguent infusez dans de

fort vinaigre, l'espace de huit jours,
puis l'ayant broyée sur le marbre,
on y mêle deux onces d'alun de ro-
che, & autant de noix de galle pul-
verisée ; après qu'oy on s'en sert.

Des Catharres.

Les Chiens sont fort sujets à avoir
des catharres, qui leur font distiller
des eaux de la tête, ce qui leur cause
souvent une enflure à la gorge ; on
y remedie en graissant la partie affli-
gée avec de l'huile camomille, &
en les faisant laver avec du vinaigre
& du sel.

Remede pour les Chiens contre les mor-sures des bêtes venimeuses.

Lorsque par malheur un Chien
est mordu de quelque serpent, ou
autre insecte de cette nature, il faut
prendre une poignée d'herbe de la
croisette, autant de rhuë, autant de
poivre d'Espagne, de bouïllon blanc,
de la pointe de genest, & de la mente,
le tout en pareille doze, puis les
piler ensemble ; cela fait, on prend
du vin blanc, dont on fait avec le
tout une décoction qu'on laisse

boüillir dans un pot pendant une
heure ; aprés cela on passe le tout,
dans lequel on met le poids d'un écu
de theriaque dissoute , & qu'on luy
fait avaller , observant de luy en
laver la morsure.

Des Louppes.

On guerit les chiens des louppes
qui leur surviennent ; mais il faut
sçavoir comment: car cette croissan-
ce de chair naît aux endroits où il y
a beaucoup de veines, ou bien où
il n'y en a guéres : au premier cas,
elles sont fort difficiles à guerir,
mais au second on y peut reüssir de
la maniere qui suit.

De la maniere de guerir
les Louppes.

Les Louppes se guerissent par
l'expedient que voici; on prend trois
grosses épines noires lorsqu'elles
sont toutes vertes, & étant fraîchement cueillies, on les laisse tremper pendant vingt-quatre heures
dans des menstruës de femmes:
cela fait on les pique dans le milieu
de la louppe, autant qu'elles y peu-

vent entrer ; & au cas que la peau
fût trop dure, & qu'elle refiftât trop
à ces épines, on fe fervîroit d'un
poinçon pour y faire une ouverture
où l'on ficheroit les épines, pour y
demeurer, tant qu'elles en tombent
d'elles-mêmes : cela fait, on s'apperçoit de l'operation de ce remede,
en voyant ces louppes fe deffecher,
& mourir peu de temps aprés.

Des vers qui font dans le corps des Chiens.

On a parlé de la maniere de faire
mourir les vers qui paroiffent fur les
Chiens : voici à prefent celle de les
guerir de ceux qui leur naiffent dans
le corps, & pour réüffir dans cette
operation, on prend du jus d'abfin-
the, la pefanteur de deux dragmes,
autant d'aloës épatique, & du fta-
fiagre à pareille doze, une dragme
de corne de cerf brûlée, autant de
foûfre, le tout pilé & incorporé enfemble avec un demi verre d'huile
de noix, qu'on fait avaller au Chien,
qui ne manque point de rendre les
vers qui l'incommodent.

Des Chancres, & des moyens de les guerir.

Entre toutes les infirmitez qui arrivent aux Chiens, les chancres ne font pas celles qui les incommodent le moins, & ce malheur croît ordinairement aux oreilles ; & pour le guerir, prenez du favon la pefanteur d'un écu, autant d'huile de tarre, de fel ammoniac, de foûfre, & de verdet ; incorporez le tout enfemble avec du vinaigre & de l'eauforte, frottez-en l'oreille atteinte de ce mal, elle en fera guerie.

De la Rétention d'urine.

Les Chiens quelquefois pour avoir les reins trop échauffez, ont une difficulté d'uriner qui les tourmente terriblement, & qui les met bien fouvent en danger de leur vie, fi l'on n'y apportoit du remede, à caufe de l'inflammation qui fe fait à la veffie, où la gangrenne fe met, qui pour lors rend le mal incurable; pour donc prévenir cet inconvenient, on ufe du remede que voici.

Remede.

On prend une poignée de guimau-
ves, de la racine de fenoüil , de celles
de ronces ; on fait boüillir le tout
ensemble avec du vin blanc , observant de le laisser réduire à un tiers ,
puis on le donne en breuvage au
Chien.

Remede general pour les playes des Chiens.

Prenez de la feüille de choux rouge ; & lorsqu'un Chien sera blessé,
frottez-en sa playe , il est sûr qu'elle
guerira.

Des moyens de guerir les Chiens des morsures du Renard , ou des Chiens enragez.

Quand un Chien est blessé, il
suffit pour guerir la playe , qu'elle
puisse se lécher : mais quand il ne
peut porter sa langue sur sa blessure ,
si elle n'est pas venimeuse ; on la
resoût avec de la *mater sylva* , & poudre de feuilles de marsaule séchées
au four , ou au soleil. Si la morsure
vient d'un Renard , il n'y a qu'à la

raisser avec de l'huile dans quelle
on aura fait cuire de la rhuë, & des
vers, & elle guerira.

Mais si le Chien a été mordu par
un autre Chien enragé, il faudra,
le plûtôt qu'il est possible, luy ouvrir la peau de la tête entre les deux
épaules avec un fer rouge, depuis
un bout jusques à l'autre, luy tirer
avec la main l'espace de dessus les
épaules & le long de l'échine, & la
luy ouvrir pareillement avec un fer
chaud.

On peut encore, si l'on veut, luy
faire boire par trois ou quatre fois
de la decoction de Germandrée,
qui est une herbe qui croît dans les
lieux pierreux ; elle a les feüilles
petites, découpées, & semblables
à celles du Chêne.

Cette herbe donnée à manger cuite
ou cruë, avec du sel & de l'huile,
ou pâtrie avec du pain, est un remede merveilleux pour guerir les
Chiens mordus d'autres Chiens en-
ragez.

Des moyens de rendre l'odorat aux Chiens.

Quand les Chiens de Chasse ou
autres

autres font encore tout jeunes, il
faut leur couper le bout de la queuë,
exceptez neanmoins les Levrons
aufquels une grande queuë convient,
parce qu'à l'égard des premiers, cela
fait qu'ils ne fe la mordent point,
qu'ils ne s'y amufent pas, & que
les ronces & les épines ne les amufent point par cette partie, ce qui
dérange entierement les Chiens,
lorfqu'ils pourfuivent quelque gibier.

Lorfque les jeunes Chiens ont un
mois & quelque peu davantage, il
faut auffi leur couper un petit ver;
ce qui a fait croire à quelques-uns,
que c'en étoit un en effet : voici
comment fe fait cette operation.

On prend le jeune Chien, on luy
ouvre la gueule avec la main, & s'il
eft grand & fort, on fe fert d'un
bâillon qu'on luy met dedans.

Aprés cela, on prend la langue,
& avec un couteau qui coupe bien
on luy fend la peau tout au long des
deux côtez du nerf; puis avec la
pointe du coûteau, on enleve adroitement ce petit nerf : il faut prendre
garde de ne le point rompre en le ti-

G g

rant, car il est necessaire qu'il soit
ôté entierement.

Il y en a qui pour tirer ce nerf se
servent d'une aiguille enfilée d'un
fil retors, & faisant couler cette aiguille pardessous le milieu du nerf,
ils la tirent jusques à ce que le fil soit
passé au milieu, puis tirant avec la
main, ils emportent le nerf : mais si
cela ne se fait adroitement, le nerf
se rompt, & il est aprés presque im-
possible de tirer ce qui en reste, c'est
pourquoy on estime mieux la premiere façon aprés avoir ainsi tiré le
nerf aux Chiens, ils en deviennent
plus beaux & plus gras.

CHAPITRE. II.

Du naturel du Cerf, de son rüt,
de sa müe, de sa tête, & du ju-
gement qu'on doit porter de ses
pieds, de ses fumées, & de ses
portées

LE Cerf est timide de son naturel, mais il craint plus les chiens
que les hommes : on dit qu'un cerf
prêt à se rendre, va feignant son
corps, ce qui se remarque lorsqu'en
chancelant il fait de grands bonds, de
grandes glissées & donne des os en
terre.

Le rut de Cerf est la saison où il
est en chaleur & cherche la femelle;
il commence à y aller environ la
my-Septembre, & cette chaleur dure prés de deux mois : quand deux
vieux Cerfs se rencontrent au rut,
ils se battent & choquent avec furie,
jusqu'à ce que l'un deux reste victo-
rieux.

Quand les Cerfs sont en rut, on

les tüe aifément ; car n'étant occupez qu'à fuivre les voyes de la Biche , ils ne fe donnent pas le tems
d'éviter les chiens qui les chaffent.

On appelle *Mufe de Cerf* , la trifte
contenance où il fe trouve lorfqu'il
eft en amour.

La *Müe* du Cerf eft le bois qu'il
quitte en Février & en Mars , les
vieux le font plûtôt que les jeunes ;
quand le Cerf a mué , ou jetté fa
tête , il commence à fe retirer prés
des gaignage & de l'eau , où il prend
fon buiffon , afin d'aller à tous viandis.

Les jeunes Cerfs ne prennent jamais de buiffon qu'ils n'aïent porté
la troifiéme tête , qui eft au quatriéme an , & alors on les peut juger Cerf de dix cors bien fraîchement.

La premiere tête des Cerfs s'apellent *Dagues* , & ils ne la portent jamais qu'à leur deuxiéme année , ils
doivent porter à la troifiéme depuis
quatre jufqu'à huit cornettes , &
dix ou douze à la cinquiéme année ,
& la fixiéme depuis douze jufqu'à
feize , & à la feptiéme leurs têtes

font tout-à-fait marquées, & femées de tout ce qu'elles porteront
jamais : ces cornettes ne font plus
qu'augmenter en groffeur. Voici
une figure qui donnera à entendre
ce que c'eft qu'un bois de Cerf.

FIGURE D'UNE TESTE DE CERF

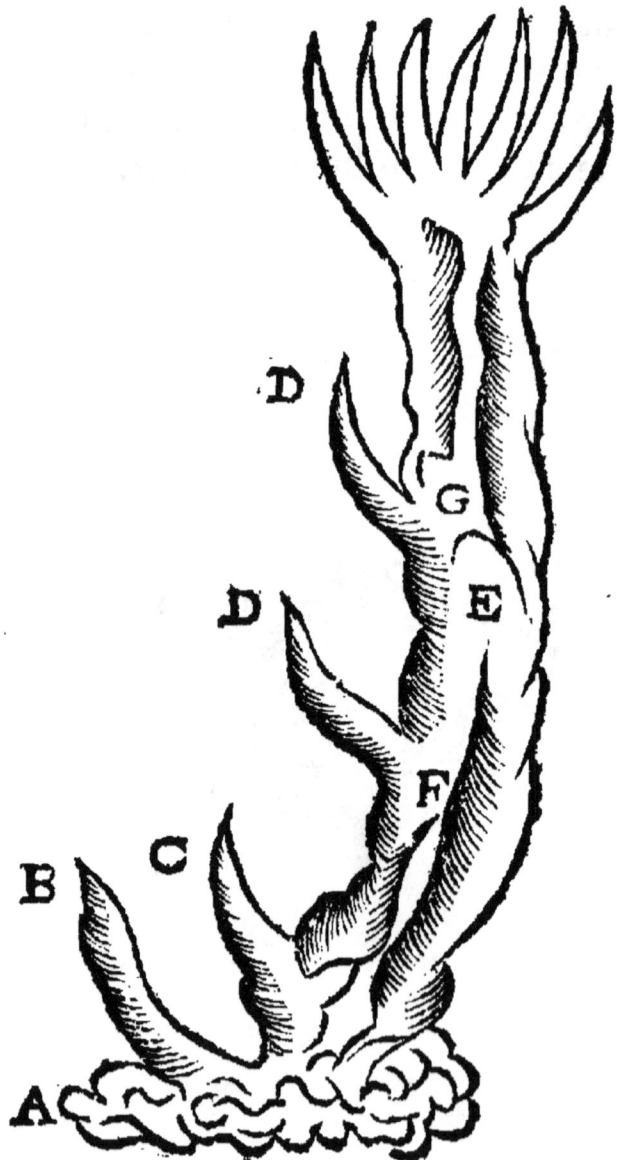

Explication de cette Planche.

A Eſt la *meule*, & ces petites marques traverſieres. *B.* s'apellent *Pierrures*. *C.* eſt le premier cor, autrement dit *Andoüiller*. *D.* Le *Surandoüillon* apelle *Chevilleures*, *Enforchures*, *Trochures & Paumures*, les branches ou cors. *E.* Qui naiſſent au deſſus. *F.* Eſt *la Perche* qui porte les Andoüillers & les cors. *G.* Les *Goutieres* qui ſont de certaines fentes qui regnent le long de la Perche, & on nomme la *coronure* ces branches. *H.* Qui ſont à la cime en forme de couronne.

Du Jugement du pied de Cerf.

Le Cerf a le pied long, le talon gros & large, & la fente ouverte. On diſtingue l'alleure d'un vieux Cerf, en ce qu'il n'avance jamais le pied de derriere plus que celui de devant; il y a à dire plus de quatre doigts, au lieu qu'un jeune Cerf le paſſe.

Le Cerf en pays montueux &

pierreux a la place d'ordinaire usée, & dans les lieux sabloneux & aplanis, il apuiye davantage du talon.

La Biche a le pied fort long, étroit & creux, & le talon si petit, qu'un Cerf de deux ans l'a aussi gros. La Biche se distingue encore du Cerf par ses viandis qu'elle fait d'une maniere gourmande, au lieu que le Cerf de dix cors le fait délicatement.

Du Jugement des fumées de Cerf.

Les fumées de Cerf, sont leur fiente & on les divise en *Plateaux, Troches, & Noüées.*

Les Plateaux se forment au mois d'Avril & May, ils sont larges & gros, ce sont les marques d'un Cerf de dix cors. En voici la figure.

Plateaux.

Les Cerfs jettent leurs troches
aux mois de Juin & Juillet, elles
font molles pour l'ordinaire.

Figures de Troches.

Pour les Noüées, elles ne se re-
marquent que depuis la my-Juillet
jusqu'à la fin d'Août.

Figures de Noüées.

Les fumées du relevé du soir &
celles du matin font bien differentes l'une de l'autre, les premieres
font mieux digerées que les autres,
à cause du repos que les Cerfs ont eu

Hh

de faire leur ronge & digerer leur
viandis, ce qui ne se remarque pas
aux fumées du matin, à cause du
mouvement qu'ils se donnent lanuit
en viandant.

Du Jugement des portées.

On en peut avoir connoissance
toute l'Année hors quatre mois,
sçavoir Mars, Avril, May & Juin
où ils müent & ont leurs têtes molles : dans une autre saison, on juge
aisément des portées dans les taillis
de huit à dix ans, où l'on voit des
bran hes que les Cerfs ont heurtées
en levant leurs têtes.

Du Jugement des alleures.

On juge encore par les alleures
du Cerf, quelle peut être sa force
& son corsage ; si son pied est long,
c'est une marque qu'il est grand ;
s'il est rond, c'est signe qu'il est plus
foible, & c'est par ces marques
qu'on doit plus ou moins ménager
les chiens à la poursuite d'un Cerf.

CHAPITRE III.

Des differentes manieres de quêter le Cerf selon les mois & les saisons.

Comment les quêter aux gaignages.

A La fin du mois d'Octobre & de Novembre, on va chercher le Cerfs dans les brüieres, où ils viandent en ce tems.

En Decembre, ils se mettent en hardes, & se retirent au plus fort des forêts, à l'abri des vents & des injures de l'air; ils viandent la pointe de la mousse & le bois.

Quand le mois de Janvier est venu ils quittent les autres bestes, & se mettent trois ou quatre Cerfs ensemble, & vont sur les lisieres des bois, afin d'estre à portée des bleds qu'ils viandent pour lors.

Le viandis des Cerfs en Février & Mars, sont les chatons des saules & des coudriers, les bleds verds & les

Prez, c'est par conséquent dans ces
endroits qu'il faut les quêter en ce
tems.

On les trouve dans les buissons aux
mois d'Avril & May, où ils restent
jusqu'au rut, en Juin, Juillet & Août.
Ces animaux viandent toutes sortes
de grains, & c'est pour lors aussi
qu'ils sont en leur grande venaison,
& qu'ils vont boire à l'eau à cause
de l'alteration que leur causent ces
viandes.

Enfin en Septembre & Octobre,
ils quittent leurs buissons pour aller
au rut, & c'est pour lors qu'ils sont
toûjours agitez, & n'ont point de
viandis certain, c'est pourquoy on
les trouve en plusieurs endroits.

Comment quêter le Cerf aux taillis avec le Limier.

Comme les Cerfs de repos font
volontiers leur ressuy dans les taillis,
il faut observer de n'y point aller si
matin pour quêter, car il est dangereux pour lors qu'aïant éventé,
ils ne se débûchent.

Celui qui conduit le Limier doit
estre attentif aux alleures du Cerf,

sçavoir si elles sont de bon tems ou
de hautes Erres, au cas qu'il trouve
ce Cerf à son gré.

Les chiens de haut nez tirent fort
lâchement le matin, à cause de la
posée qui les fait oublier, & negli-
ger les voyes.

Si donc le Veneur trouve un Cerf
qui lui plaise, qui aille assez de bon
tems devant lui, & que son Limier
le desire bien, il doit le tenir de court
crainte qu'il n'apelle, car jamais il
ne faut donner la longueur du trait à
un Limier ; quand ce Veneur aura
vû quel Cerf c'est, il est bon qu'il
le rembûche s'il est possible, & le
rende au couvert, en remarquant
tres - attentivement non seulement
les connoissances du pied, mais encore celles des portées & des foulées.

Ce Veneur aprés cela jettera ses
brisées haut & bas, & dans le tems
qu'il verra son chien bien animé,
il doit aussi prendre ses devans, &
faire ses enceintes deux ou trois fois,
l'une par les grands chemins, &
voyes, afin de s'aider de son œil, &
l'autre par le couvert, car le Limier
va en ces endroits plus de haut nez.

Hh iij

Si le cerf eſt bien détourné, le Veneur doit aller à la briſée, & prendre le contre pied pour lever les fumées tant du relevé du ſoir que du matin, en regardant le lieu où il a fait ſon viandis, & pour connoître ſes ruſes.

Quand le Veneur trouve deux ou trois entrées & autant de ſorties, il doit reprendre ſes enceintes plus grandes, afin d'y renfermer toutes les ruſes du cerf. Cela fait, excepté à une entrée par laquelle il pourroit être venu des taillis ou gaignages, il faut qu'il mette ſon chien deſſus, & le faſſe lancer juſqu'au fort; c'eſt ainſi qu'on détourne un Cerf.

Quand le veneur veut quêter aux taillis ou aux gaignages pour voir le cerf à veüe, il doit dés le ſoir remarquer un arbre, & par où il pourra venir à bon vent.

Il ſe levera le lendemain deux heures avant jour, pour aller s'afûter ſur cet arbre, où il reſtera juſqu'à ce qu'il ait veu la bête ſe rembûcher au fort, il doit avoir eu la précaution d'avoir amené ſon chien avec lui, & de l'avoir laiſſé à quelqu'un un peu loin de son afût, afin de l'aller reprendre au besoin, pour détourner le Cerf, ce qui ne se doit faire qu'une bonne heure aprés leur rembûchement, dautant que les cerfs sont quelquefois au bord du ford au ressuy.

Bien souvent les cerfs qu'on a couru se recellent longuement sur eux, & font leur viandis aux petites couronnes des taillis dérobez qui sont au milieu des forêts, ce qui leur arrive plus souvent en May & Juin ; pourtant au bout de quatre jours, il faut qu'ils sortent de leur buisson, étant curieux de sçavoir où sont les autres bêtes, qui leur servent comme de sauve-garde, car étant poursuivis des chiens, les cerfs leur donnent ces autres bêtes en change.

Il ne faut à tels cerfs, les quêter dans ces endroits qu'à neuf heures ; parce qu'ils y font quelquefois leur ressuy un peu tard, c'est pourquoy se retirant doucement aprés avoir reveu le pied, ou levé les fumées ; on contrefait d'un peu loin le berger ou le charretier de peur de les faire lancer, & demie heure aprés le Veneut pourra faire son enceinte.

CHAPITRE IV.

Comment mettre les Relais lancer le cerf & le donner aux chiens.

QUand on veut mettre des relais, la prudence veut que cela se pratique selon les saisons, à cause qu'en Hyver les cerfs suivent les grands forts, aïant la tête dure, au lieu qu'ils ne suivent que les petits taillis au Printems, parce qu'ils l'ont molle & en sang.

Il est besoin que les relais soient accompagnez d'un bon piqueur, avec deffense à un valet de chiens de les découpler sans ordre, le silence est fort necessaire en cette occasion.

Les relais étant placez, ceux qui en font, doivent s'éloigner de trois ou quatre pas de la chasse, à cause du bruit qui se fait d'ordinaire aux relais, & afin d'entendre & voir plus tranquillement ce que fait la bête, & découpler à propos les chiens dans le besoin.

Comment lancer le Cerf.

Le Cerf étant détourné, on prend le Limier, & on s'en va à la brisée avec tous les Piqueurs de la meute, pour remarquer les connoissances du Cerf qu'on veut courir, pour ne se pas tromper au change.

Les chiens étant alors arrivez, tous les Piqueurs s'écartent vîtement autour du buisson pour voir le cerf, afin de le bien remarquer au partir du lancer.

Quand le Veneur qui l'a détourné voit tout prêt, il doit se mettre devant tous les autres & frapper à route en criant, *voy-le-cy aller*, *voy-le-cy avant*, *va avant*, *voi-le-cy par les portées*, *rotte*, *rotte*, *rotte*, & autres termes pour le cerf.

Le cerf étant parti de son lit, on se donne de garde de sonner encore pour chiens, si ce n'est lorsqu'il commence à dresser par les fuites, & que le Veneur en est certain ; & c'est alors qu'on peut sonner en criant, *thy-a hillaud*, faisant suivre son Limier sur les Erres, criant & sonnant jusqu'à ce que les chiens soient arrivez à lui.

Alors il doit se mêler parmi eux
avec son Limier pour les réjoüir, &
peut sortir du fort donnant son chien
à quelqu'un, & monter à cheval,
observant d'aller toûjours au dessous
du vent, & de côtoyer la meute pour
relever les défauts.

Quand le cerf a donné le change,
on rompt les chiens & on les recou-
ple en retournant prendre les dernieres Erres, ou chercher la re-
posée.

Si les Piqueurs précedent la meute,
& qu'ils voïent le cerf, ils doivent
sonner à veuë & en mots longs ; &
si pour lors ils parlent aux chiens,
ils crient, *thy-a-hillaud* plusieurs
fois, jusqu'à ce qu'ils soient venus
à ceux ; étant venus, on les laisse
passer & l'on crie *passe, passe, passe,
har, ha, har.*

Quand le cerf est dans l'eau on
doit crier *har, il bat l'eau, il bat l'eau;*
s'il est aux abois on sonne six ou sept
sons fort vîtes, & courts, le dernier
doit être plus long, on resonne
ainsi à plusieurs fois.

Lorsque le cerf est pris, il faut

sonner longuement par sons longs,
& en parlant ainsi aux chiens, *à la*
mort chiens, à la mort, à la mort. La
chasse finie, on sonne trois sons fort
longs, qu'on redouble aprés par
deux autres plus courts, & un troisiéme semblable au deux premiers.

CHAPITRE V.

De la dissection du Cerf, & de
sa curée.

QUand le cerf est mort, on son-
ge d'en faire la dissection, &
la premiere partie qu'on en doit lever sont les dyntiers, ensuite on le
fend à la gorge jusqu'à ces parties ;
puis on le prend par le pied d'entre
le devant & on incise la peau tout
autour de la jambe au-dessous de la
jointure, & on la fend depuis l'in-
cision jusqu'au dessous de la poitrine ; on en fait de même aux autres
jambes.

Cela observé, on leve la langue,
puis les deux nœuds qui se prennent

entre le cou & les épaules, enfuite
les flancarts, puis les autres piéces
du Cerf.

Quand cette diffection eft faite on
fe difpofe à faire la curée aux chiens
à commencer par les Limiers aufquels on donne le cœur & la tête.
Les chiens courans ont pour eux le
cou qu'on leur départ tout chaudement, car il faut obferver que les
curées chaudes font les meilleures
& celles qui fe font au logis font de
pain découpé avec fromage, & teint
du fang du Cerf. Voilà une idée de
la chaffe du cerf qui fuffit pour en
donner envie & y réüffir. Voïons
une petite explication des termes qui
y conviennent, afin que dans cet
exercice on entende ce qu'ils figni-
fient.

CHAPITRE VI.

De la chaffe du Sanglier, & de quelques termes dont on ufe à fon égard.

SI le Sanglier, proprement parlant, eft un porc fauvage qui fe
retire dans les forêts; il eft aifé à

privoifer quand il eft jeune.

Cet animal aporte en naiffant toutes fes dents, il en a quatre qu'on
appelle *deffenfes*, fçavoir deux en
haut qui ne fervent qu'à aiguifer les
deux de la barre de deffous, qui
tüent ; les deux d'en haut fe nomment les *grez*, & les deux d'en bas,
Limes, *Dagues* ou *armes*, *de la Barre*,
les dents de fa mâchoire inferieure
fortent de fa gueule, & fe tournent
en demi cercle.

Le rut des Sangliers eft au mois
de Decembre ; leur grande chaleur
dure prefqne trois femaines, leur
venaifon commence à la my-Septembre & finit vers le commencement de Decembre.

Quand le Sanglier eft jeune on
l'apelle *Marcaffin*, lorfqu'il a un an,
on l'apelle *bête de Compagnie*, à deux
ans ils fort de compagnie & eft dit
Ragot, à trois ou quatre ans il eft dit
en *fon tiers* ou *quartan*; c'eft alors qu'il
éft fort dangereux; à cinq ans on le
nomme *Mire*, & alors fes défenfes
étant tournées, il eft moins à craindre, à fix ans il eft dit *grand Sanglier*,
à fept ans *grand vieux Sanglier*.

Les Sangliers font leur bauge dans les bois garnis d'épines & de ronces, les jeunes mâles s'éloignent plus hardiment de la mere que les femelles, ils vivent de tous grains, fruits, légumes, & racines, hors de naveaux ou de raves.

La femelle du Sanglier s'apelle *Laye* ; elle ne porte qu'une fois l'an. Le Sanglier est une bête paſſagere qui revient pourtant tant qu'il peut à la forêt où il est né.

Quand le Sanglier va aux gaignages, on dit qu'il va faire *ſes mangeures.* S'il cherche des vers avec ſon *bou, toir* qui est ſon nez, on apelle ces endroits *boutis,* & cette quête *vermeiller,* brouter l'herbe à ſon égard c'est *herbeiller,* & *mulotter,* quand il cherche en foüillant la terre, le galand & les bleds que les mulots ont cachez.

CHAPITRE VII.

Du jugement des Sangliers.

IL y a à l'égard des Sangliers des jugemens pour connoître quelles ſont leurs alleures, les *formes* en de-

vant être grandes & larges, les *pinces*
de la trace de devant rondes & groffes, les *coupans* des côtez des traces
ufez, le *talon* large, les *gardes* autrement dites ergots groffes & ouver-
tes, & qu'il doit donner en terre.

Le *foüil* fait connoître fa grandeur; on la connoît encore aux entrées d s forts qu'il aura tout bar-
boüillé, ou à quelque gros arbre auquel il fe va d'ordinaire frotter au
fortir du foüil.

CHAPITRE VIII.

Comment prendre le Sanglier à force avec les chiens.

LA Chaffe du Sanglier fe fait à
force aux accours avec les levriers, avec le Limier en routaillant
avec des aboyeurs, des arquebufes,
des amorces & des toiles dans les enceintes. Il y a un grand équipage
entretenu pour courre le Sanglier
qu'on apelle *Vautrait.*

Un jeune Sanglier à fon tiers an
n'eft pas courable, car il courre plus
longuement qu'un cerf à fix cornet-

tes : mais quand il a son quart d'an, on le peut prendre à force.

Il est dangereux de donner des chiens courans à un Sanglier, à moins qu'on ne leur mette des col- liers chargez de sonnettes, car alors le Sanglier fuit, au lieu de tuer les chiens.

Le Sanglier se détourne comme e cerf, on y met des relais de la lmême maniere, mais on observera que ce soit de vieux chiens & sages, autrement c'est en risquer beaucoup.

CHAPITRE IX,

De la chasse du Liévre.

LE Lievre est un animal fort rusé & qu'on chasse avec des chiens dans des plaines. On apelle *Bouquet* le mâle du Lievre, & la femelle *Haze.*

Les Lievres tiennent d'ordinaire les guérets quand il fait beau tems ; mais quand il a plû, ils tiennent les friches ou sont prés des chemins. Leur rut est au commencement de
Janvier

Janvier, Février & Mars, les femelles font leurs petits en des jours
differens, à proportion du tems
qu'elles ont été couvertes.

Comme il est des termes propres
à chaque chasse, lorsqu'il est question de se faire entendre des chiens,
voici ceux dont on se sert à la Chasse
du Lievre.

Suposé qu'on veüille quêter un
Lievre, & faire venir les chiens à
soy pour les faire entrer en quelque
taillis ou fort, on leur crie, *horva,*
à moy the au. En sonnant du cor, un
son bien long, & si l'on est à quelque passée on dit, *aquercy, aquercy,*
hau, il a pass ici.

Il faut remarquer qu'on ne doit
jamais sonner en quête le gresle du
cor, mais le gros tant qu'on voudra;
si ce n'est qu'on veüille apeller les
chiens: on ne manquera point aussi
de leur donner alors quelque friandise lorsqu'ils sont arrivez, afin
qu'ils voïent qu'on ne les apelle
point à faux, & qu'ils aprennent par
ce moïen à mettre une difference
entre la quête & le forhuz.

Il faut parler aux chiens comme

Ii

à la chasse du Cerf, hors au forhut, car au lieu de crier, *thia hillaud*, on dit, voi le-cy aller, & on donne même son de cor, si vous en exceptez la quête, où on ne sonne que le gros pour le Lievre.

En quel tems & comment quêter le Lie-vre, & le lancer aux chiens.

La vraie saison commence à la my-Septembre, & finit à la my-Avril, quand on a rencontré la nuit d'un Lievre en quelques bleds ou autres gaignages, on doit avoir égard à la saison.

Si c'est au printems ou dans l'Eté, il est inutile de chercher les Lievres au fort, à cause des fourmis & des lezards qui les incommodent, mais il faut aller dans les guérets, au lieu que durant l'Hyver, ils sont aux forts pour se mettre à l'abri des vents de galerne.

C'est donc selon chaque saison qu'on doit apeller les chiens & battre tout de rang, en battant de la gaule sur les buissons qu'on veut faire quêter, en nommant par leur nom les chiens qui quêtent le mieux pour les réjouïr.

Si-tôt qu'on a fait le premier cerne à un Lievre, & qu'on a connoissance du Pays qu'il tient en ses fuites, il faut gagner les devants pour le voir à veüe,& là forhuant les chiens; c'est le moïen de bien rompre des ruses du Lievre.

Les chiens qui prennent de grands cernes en leurs défauts sont fort estimez, d'autant qu'ils renferment dedans toutes les malices & ruses d'un Lievre, quoi qu'on dise ordinairement qu'il n'est tel que des chiens qui suivent le droit.

Quand on veut chasser le Lievre avec les chiens, on ne doit point y aller pendant la rosée, cela leur rompt l'odorat ; & les empêche par consequent d'aller au gibier, & s'ils rencontrent, c'est un hazard ; il y en a neanmoins qui ne s'en font point un scrupule pendant les grandes chaleurs.

Quand les chiens ont rencontré, il faut tenir la voye du Lievre, & le suivre jusqu'à ce qu'ils l'aïent lancé : on doit toûjours lâcher les vieux chiens devant les jeunes, afin qu'ils chassent mieux.

Aprés qu'on a lancé les chiens, on leur laisse passer cette premiere équipée, puis on les apelle en leur disant, *a moy* chiens, *th'a haut*; s'ils ne reviennent pas, on sonne du cor par mots entre-coupez, & le premier son du grêle.

Les Lievres ont beaucoup de rufes qu'un bon chasseur peut rompre neanmoins quand il sçait son métier. Quelque fois un Liévre cherchera un carrefour auquel tendront plusieurs chemins, qu'il tiendra tous, allant & venant, c'est là où il faut l'aller chercher, & faire prendre aux chiens les devants autour de ces chemins, & un peu au delà de l'endroit, où l'on sçaura que le Lievre aura fait ses retours pour y trouver ses dernieres voyes.

Les Liévres qu'on chasse passent aussi quelquefois la riviere & gagnent quelque Isle, où ils se relaissent sur quelque tête de saules : on peut, si on veut, aller dans ce lieu pour le relancer.

Il est encore beaucoup d'autres rufes qui sont naturelles aux Lievres, & dont il seroit trop long de faire un détail, nôtre deſſein n'étant ici que de donner une idée de cette chaſſe, & non pas un traité complet.

On chaſſe au Lievre avec les baſſets, & le fuſil, en trotant par les Champs, on les prend encore aux Levriers, & à l'afût, ; d'autres lur tendent pluſieurs pieges, comme lacets & panneaux, qui ſont des ſortes de filets dans leſquels ils donnent aſſez.

CHAPITRE X.

De la curée du Lievre.

POur faire la Curée du Lievre, on prend du pain, du fromage & autres friandiſes qu'on met dans le corps du Lievre, afin de les imbiber de ſang ; cela fait, & lorſqu'on veut le donner aux chiens, on attache ce Lievre par quatre ou cinq endroits avec une corde, afin qu'un des chiens n'emporte pas tout ; puis on le cachera, & on s'en ira à cent pas de là porter ce forhu.

Il faut pendant ce tems-là qu'une autre personne donne le pain & le fromage aux chiens ; quand ils auront mangé cette curée, il faudra forhuer avec le cor, & menacer les chiens, en criant ; *écoute à lui*, puis on leur montre le Lievre, & quand il est entourré des chiens, on le jette au milieu d'eux. & comme il y a quelquefois dans les meutes des jeunes chiens ; qui n'osent aprocher de la curée, on doit leur avoir reservé la tête & les épaules.

La chair de Lievre est tres-contraire aux chiens, si on ne les fait boire aprés qu'ils en ont mangé, & on ne les laisse paître tout decouplez ; il est bon encore aprés cette curée de leur donner du pain, s'ils en veulent. Le poulmon, & la peau ne leur vaut rien : ces parties les rendent malades, ainsi il ne faut point leur en donner en curée.

CHAPITRE XI.

Du Daim, & comment le chasser.

LE Daim est une espece de Cerf, excepté que son poil est plus blanc, & qu'il eſt d'un corſage plus petit que celuy du Cerf: ſa tête a plus de cors, & a une plus longue queüe ; il naît à la fin du mois de May, & va plus tard au rut que le Cerf.

On ne ſe ſert point de ſuite ny de Limier au Daim comme au cerf, on le juge par le pied. Le Daim ſe prend aux eaux & demeure volontiers en Pays ſecs toûjours en hardes, excepté depuis le mois de May juſqu'à la fin d'Août, & c'eſt pendant ce tems là qu'ils prennent leurs buiſſons, à cauſe des mouches qui les importunent.

On les trouve volontiers dans les hauts Pays, où il y a des Valées & des petites Montagnes, ainſi on peut les y aller chercher dans cette ſaiſon.

CHAPITRE XII.

Du Chevreüil, & de ſa chaſſe.

LE Chevreüil entre en rut au mois d'Octobre, & cette chaleur leur dure quinze jours, , ce n'eſt qu'avec une chevrelle. Ces animaux

demeurent enfemble mâle & femelle, jufqu'à ce que celle-cy veille
faonner, & dans ce tems elle s'écarte de fon mâle qui tüeroit le petit
faon ; quand il eft affez grand, la
Chevrelle recherche fon mâle, &
fe raffemblent toûjours, fi on n'en
tuë l'un ou l'autre.

Et la raifon de cela, c'eft, dit on,
à caufe que la femelle porte deux
petits mâle & femelle, qui étant
nez enfemble, s'y tennent toûjours;
on les trouve aux forts des buiffons,
bruyeres, & joncs, dans les hautes
Montagnes, & grandes Vallées

Les Daims vont au viandis comme
les autres bêtes, & lorfqu'ils font
pourfuivis des chiens, ils fe cachent
dans l'eau comme les cerfs.

CHAPITRE XIII.

Du Lapin avec une iftruction pour le chaffer.

LE Lapin eft à peu prés de la taille du Lievre : on ne le chaffe
point aux chiens ny aux Levriers,
mais

mais à la fûr, on le prend avec des bourfes faites exprés, des furets, & des panneaux pendant la nuit.

Les Lapins fe retirent dans les bois & dans les garennes, où ils creufent des terriers pour fe mettre ; ces animaux peuplent beaucoup, car les femelles portent tous les mois cinq ou fix petits, elles s'apellent *hazes.*

Quand on prend les Lapins avec des bourfes, il faut aprés qu'elles font tendües fe retirer à l'écart, dans un endroit, d'où l'on découvre cependant de l'œil toutes les bourfes, afin d'y courir fi-tôt qu'il y aura quelque lapin de pris. Cette forte de chaffe demande un grand filence, parce que le lapin qui a l'oreille fine, prend tout d'un coup l'épouvante quand il entend du bruit.

CHAPITRE XIV.

De la chaffe du Loup.

LEs Loups font des bêtes farouches qu'on chaffe avec les chiens courans, & les Levriers, il

K k

y fait bon au mois de Janvier ; on les trouve alors ; au lieu qu'en Fevrier, Mars & Avril ils quittent les grands Pays.

Les mois de Juin, Juillet & Août ne ſont point propres pour chaſſer le Loup, à cauſe des bleds qui les cachent dans les campagnes.

On quête le Loup en Octobre, Novembre & Decembre, avec des Limiers & des Levriers, ils ſont pour lors dans les grands forts & dans les buiſſons.

Les termes dont on ſe ſert pour chaſſer au Loup, ſont *valecy allé*, quand on veut joindre les vieux chiens, en criant *harlou mes belots, harlou*, puis on ſonne pour chiens ; pour remettre les chiens ſur les voïes on leur dit, *tirez chiens*, & lors qu'on en eſt proche, on crie *harlou mes belots, rali chiens, rali, & s'en va chiens, s'en va.*

On chaſſe le Loup dans les bois, ainſi que dans la campagne. Dans le premier cas, il faut commencer par l'aller détourner avec le Limier ; quand on a trové la bête, on jette ſes briſées, puis on prend les devants, aprés quoi on le lance.

Il faut pour bien courre un Loup
que le Pays ne ſoit point montueux,
mais plat, & qu'il ſoit ſans buiſſons,
& au cas qu'il s'y en trouve, on place tout autour les cavaliers pour
empêcher que le loup ne s'y rembûche, c'eſt en tel Pays qu'on a le
plaiſir de voir cet animal pourſuivi
par des levriers choiſis exprés, &
qui le prennent à force.

Le Loup va au rut en Fevrier, &
eſt en ſa grande chaleur pendant
dix ou douze jours ; les Louves portent neuf ſemaines.

CHAPITRE XV.

Des Renards, Taiſſons, & Ble-
reaux, avec une inſtruction de
leur chaſſe

ON chaſſe les Renards aux chiens
courans, &] aux Levriers, qui
doivent être hardis pour ſe lancer
deſſus & le mordre : on peut leur
donner la chaſſe pendant toute l'année, c'eſt ordinairement dans les

bois qu'il faut les chercher, on les trouve auſſi le long des ruiſſeaux, dans les garennes, dans les champs, & dans les bleds.

Le Renard eſt ſujet à ſe terrer, & quand par hazard cela lui arrive lorſqu'on le chaſſe, on le deterre avec des pioches, puis on prend un baſſet qu'on met dans le trou qui le fait ſortir, enſuite on le pourſuit, ou bien on le tire au fuſil, quand on l'y voit à portée.

Du Taiſſon.

Le taiſſon ſe chaſſe comme le Renard, avec des baſſets: on le trouve dans les lieux montueux, dans les bois & dans les garennes. Cet animal ne s'écarte guéres de ſon terrier. afin que ſi-tôt qu'il entend la voix du chaſſeur, ou des chiens, il ſe refugie dedans.

Les Chaſſeurs doivent prendre garde que le taiſſon ne ſe lance ſur eux, & ne les morde, la bleſſure en eſt dangereuſe: on prend auſſi les taiſſons aux collets, mais ils s'en débaraſſent bien-tôt, ſi on ne court promptement les aſſommer, parce qu'ils les coupent avec leurs dents.

Du Blaireau.

Le Blaireau se chasse ainsi que le Taisson; ils sont presque semblables l'un à l'autre; Cet animal est fort puant, & tres-nuisible aux Lapins; il y en a qui confondent les noms des Blaireaux & des Taissons.

CHAPITRE XVI.

De la Fauconnerie.

LA Fauconnerie est un divertissement fort noble, & une chasse qui se fait avec un Oiseau apellé Faucon, d'où cet exercice a pris son nom.

On compte de six especes de Faucons, sçavoir le *Faucon*, le *Gerfaux*, le *Sacre*, le *Lanier*, l'*Emerillon*, & le *Hobereau.*

Le *Faucon* a la tête ronde, le bec gros & court, le cou fort long, la poitrine large, grosse & charnuë, les aîles longues, la queüe courte, les cuisses grosses, & les jambes courtes.   Kk iij

Le *Gerfaux* est ordinairement bien empieté, il a les doigts longs, le corsage grand & puissant, il est fier & hardi à afaiter, & merveilleusement gaillard à la montée.

On apelle *Sacre* une espece de faucon femelle. Quand cet Oiseau est pris aprés la müe, il est le plus vîte; il est court empieté, hardi, de couleur rouge, ou tannée ou grise, il a la langue grosse, les doigts gros & d'un bleu mourant; le Sacre est propre pour voler les grands Oiseaux, comme Oyes sauvages, Grives, Herons & Butors.

Le *Lanier* est un Oiseau assez commun en tous Pays, il est plus petit que le Faucon gentil, il est court empieté, il a la tête grosse, il vole communément sur terre & sur riviere; on s'en sert pour la Perdrix & pour le Lievre.

L'*Emerillon* a la forme d'un Faucon, & n'est propre que pour vol de petits Oiseaux, parce qu'il est de lui-même le plus petit des Oiseaux de proye.

Pour le *Hobereau*, il est fort plaisant au vol des petits Oiseaux, é-

tant encore plus petit que l'Emerillon, il est marqueté sous le ventre, & a le dos & la queüe noirâtres.

Outre ces noms d'Oiseaux dont
on vient de parler, il y en a encore
d'autres qui sont particuliers, tels
que sont ceux de *Faucon-Pelerin*, venant des Pays Etrangers, *Faucon-
gentil de passage*, parce qu'il ne vient
que des lieux circonvoisins. *Faucon-
niais* c'est celui qui a été pris au nid;
Faucon-Royal, parce qu'on l'a faite
avec grande facilité, *Faucon-sor*,
est celui qui a encore son premier
plumage, *Faucon-hagard* est un Faucon fier & bizarre, qui n'est plus
fort quand on le prend & qu'il a mué
& changé de plumes.

Nous avons encore *l'Autour*, dont
on compte cinq especes, sçavoir
l'Autour femelle, c'est la premiere &
la plus noble; le *demi-Autour*, est
maigre & peu prenant, le *Tiercelet*,
c'est le mâle de l'Autour, il prend
les Perdrix; *l'Epervier*: nous dirons
ce qu'il est plus bas, & le *Saboch*,
cet Oiseau ressemble à l'Epervier.

L'Autour pour être bon, doit a-
voir la tête petite, les yeux grands,

le bec long & noir, le cou long,
la poitrine groffe, les ferres groffes
& longues, & les pieds verds ; fon
vol eft pour Faifans, Cannes, Oyes
fauvages, Lapins & Lievres.

Cet Oifeau eft rufé de fon naturel,
il n'y a point de Faucon qui foit fi
bon Chaffeur pour le profit.

De certains foins qui regardent les Oi-
feaux de proye, avant que d'être
afaitez.

Il faut les mettre d'abord en un
endroit obfcur, pour les rendre
obéiffans aux inftructions, ou bien
on leur fille les yeux, & pour y
réüffir, vous prenez une aiguille enfilée de fil délié qui ne foit point retors, vous faites tenir l'Oifeau & le
prenez par le bec, puis vous lui mettez l'aiguille d'une paupiere à l'autre, prenant garde de prendre la
toile qui eft deffous la paupiere ; cela
fait, on tire les deux bouts du fil,
qu'on lui noüe fur le bec ; enfuite
dequoy on coupe le fil prés du nœud
& on le tord de maniere que les pau-
pieres foient fi hautes levées que
l'Oifeau ne puiffe voir que devant
luy.

Il faut armer les Oiſeaux de proye
qu'on veut inſtruire de jets de cuir,
qui ayent les bouts un peu renver-
ſez : ils doivent avoir demy pied de
long, & être coupez ; on doit auſſi
les armer des ſonnettes, afin qu'ils
ne ſe dérobent point, & qu'on les
entende de fort loin.

Les meilleurs Faucons ſont ceux
qui ſouffrent qu'on les chaperonne,
parce qu'ils obéiſſent volontiers à
l'homme, qui eſt une choſe neceſſaire pour cet exercice, outre qu'ils
ne ſont point ſujets à ſe battre.

Comment afaiter les Oiſeaux de proye.

Quand on a trouvé des Faucons
dociles, & capables de devenir de
bonne afaire, il faut les porter trois
jours & trois nuits ſans ceſſer, afin
de leur faire oublier leur naturel
farouche, & de les rendre familiers.

Il faut les paître de bonne chair
chaude d'Oiſeaux vifs, & leur en
donner de bonnes gorgées ; ce ſoin
ſe doit prendre deux fois par jour,
& l'eſpace de trois jours, obſervant
de les déchaperóner de tems en tems
pour les accoûtumer. Les Faucons

doivent, comme on a dit, avoir les yeux tellemét sillez qu'ils ne voïent goûte, jusqu'à ce qu'ils soient assu-rez.

Quand l'Oiseau de proye com-mence à prendre le pât, on le poi-vre, & on lui laisse faire sa tête en le chaperonnant, jusqu'à ce qu'il puisse voler de dessus le bloc sur le poing, aprés quoi on lui montre le Lievre.

Si-tôt qu'il commence à le con-noître, on le porte à la Campagne avec la filiere attachée à la longe, & lorsqu'au branle du Lievre & de la longueur de la filiere, il commence à venir, on le jardine le matin.

L'Oiseau étant bien assuré, ce qui se remarque lorsqu'il s'accoutume à manger devant le monde & les chevaux, on le met hors de filiere, observant neanmoins d'abord avant que de l'abandonner à lui-même, de lui faire tuer une poule d'un pen-nage semblable à peu prés à la cou-leur de celui au vol duquel on le destine.

Aprés qu'on a afaité l'Oiseau, & remarqué qu'il est devenu do-cile, on l'instruit à connoître la voix de son gouverneur, & pour y reüssir, prenez un poulet vivant que vous mettrez dans un endroit obscur, où il y ait cependant un peu de clarté pour faire que le Faucon voïe son maître, donnez-le en proye à vôtre Oiseau que vous tiendrez sur le poing en lui parlant, aprés cela enchaperonnez-le, donnez-lui les parties de l'Oiseau les moins charnües, c'est par là que vous exciterez son apétit.

Pour le rendre de bon afaitage & plus prompt à la volerie, on doit lui presenter jusqu'à deux ou trois fois le poulet, le déchaperonnant autant de fois, & criant fortement en lui parlant comme on veut, ensuite on reprend l'Oiseau qu'on enchaperonne promptement.

Pour apprendre les Oiseaux de proye à voler.

Le Faucon étant bien instruit au lever, & fondant indifféremment sur le gibier pour la volerie duquel on l'a dressé, on va avant Soleil couché, qui est l'heure qu'il a faim,

dans une grande campagne loin des
arbres ; on y porte le Faucon, on
le déchaperonne dans le tems que
les chiens quêtent, ce font ordinairement des Epagneux, & s'il fe
leve un Perdreau, & qu'il le prenne,
on lui en jettera à terre la cervelle
& l'eftomach.

D,1Vols differens dans la Fauconnerie,

On en compte fept, fçavoir le vol
pour le Heron, le Milan, la Corneille, les Champs, les Rivieres, la
Pie & pour le Lievre, les Gerfaux.
On y emploïe auffi les Sacres, mais
quand ces Oifeaux ont lié leur
proye, il faut auffi-tôt leur jetter
une poule à la main pour les empêcher de fe paître de la viande du
Milan, qui leur eft contraire.
Pour le vol du Heron, on fe fert
des mêmes Oifeaux ; & à la difference de la chair de Milan qui leur
eft contraire, celle du Heron leur
eft falutaire, c'eft pourquoy on leur
en laiffe faire bonnes gorgées.
On vole la Corneille avec les
Faucons ; & quelquefois le Tiercelet de Gerfaux qu'on accompagne

de deux Fucons. On emploïe aussi
quelquefois le Duc à cette volerie,
pour mieux attirer la Corneille ; ce
vol est le plus aisé de tous.

Les Faucons sont toûjours destinez pour ce vol, qui est le plus
difficile de tous : il faut être fort
diligent à y servir les Oiseaux, & à
les paître de bonne viande ; les
Tiercelets de Faucons, de Sacres,
de Laniers, & de Lanerets y sont
aussi fort propres.

Quant au vol de la Riviere, il n'est
pas moins difficile que le precedent ;
on se sert de Faucons, qui doivent
être bien à la chair ; quand ils ont
fondu sur leur proye ; il ne faut pas
les en laisser paître, mais au contraire la leur ôter incontinent, & les
remettre au vol.

Les Oiseaux pour la Pie s'afai-
tent comme les précédens, ce sont
ordinairement les Tiercelets de Faucons qu'on prend pour ce vol.

CHAPITRE XVII.

Instructions pour le parfait chas-
seur, afin qu'il sache chasser à
propos dans toutes les saisons.

DE tous les Chapitres qui com-
posent ce Livre, celuy-ci ne
sera pas le moins utile pour ceux qui
aiment le divertissement de la Chasse;
les bons tireurs sur tout s'y trouve-
ront interessez, en quel temps de
l'année qu'ils puissent être à la campagne : & pour tenir quelque ordre
en ce que nous avons à dire là-dessus,
nous parlerons des quatre saisons,
& de ce qu'on peut trouver de Gibier
dans chacune, afin de faire en sorte
ne point chasser à faute.

Quel gibier on trouve au Printemps.

Le Printemps est à la verité une
saison morte pour la chasse, dautant
que les Oiseaux se retirent tous
pour faire leurs nids & leur ponte,
couver leurs œufs, & faire aprés
cela éclôre leurs petits. Tout ce

grand travail les tient comme reclus ; on ne trouve rien dans les rivieres ; le gibier se cache dans les grands marais, & dans les étangs, au milieu des herbes qui leur y servent de refuge.

Voici cependant quelques oiseaux qu'on peut alors chasser, depuis les quatre heures du matin jusques à neuf : on entend les Tourterelles, & les Ramiers chanter sur les branches d'arbres ; on peut les tirer, & la chasse n'en est pas mauvaise.

Cette heure passée, ces oiseaux vont chercher à boire, puis se retirent sur les arbres jusques à trois heures aprés midi, auquel temps ils vont chercher à manger dans les terres ensemencées ; cet exercice dure jusques à cinq ou six heures du soir, aprés quoy on les entend chanter environ une heure sur les branches les plus proches de quelques rivages, où ils se perchent jusques à l'aube du jour.

Dans ce temps-là on peut, si l'on veut, aller au bois ou dans une garenne, & y rester jusques à dix heures ; on y voit souvent le Lievre ou

le Lapin venant à la rentrée pour se
retirer dans le fort, & pour lors,
qu'on est bien assûré & qu'on tire
bien, on fait bonne chaffe ; il est bon
d'y aller à soleil couchant, & se pos-
ter à vingt pas du bois, pour attendre le gibier à la sortie, qui ira vian-
der dans un pré, dans quelque a-
voine nouvellement levée, ou quelques bleds encore verds.

Le Chevreüil se chaffe aussi en cette
saison, comme on l'a déja dit, ainsi
que les bêtes fauves, qui commencent à brouter le bourgeon, & c'est
dans les jeunes taillis qu'il faut les
aller chercher avec un fusil : le matin
& le soir sont le veritable temps
pour cela, parce que dans le fort du
jour tous ces animaux se retirent
dans les grands forts.

Quel Gibier on trouve en Eté.

On peut aussi chaffer en Eté aux
animaux dont on vient de parler :
mais pour les Oiseaux, il n'y faut
pas songer, d'autant plus qu'ils sont
occupez aprés leurs petits, & retirez dans les endroits les plus inac-
cessibles ; outre que les bleds se
levent

levent haut de terre, & qu'on ne peut
chasser ni Lievres ni Perdrix: il n'y a
que les Cailles qu'on peut prendre à
l'aide d'un Chien couchant, & avec
une tirasse le long des prez ; au lieu
de tirasse, on peut encore les tirer
au fusil, aprés les avoir fait partir ;
il y fait bon pendant la plus grande
chaleur du jour, parce qu'elles tiennent davantage que dans un autre
temps.

Quel Gibier ou trouve en Automne.

L'Automne est pour la Chasse la
plus belle saison, & la plus propre
de toutes : car alors les oiseaux sont
en abondance, & y joüissent d'une
maniere de vivre fort tranquile,
leurs petits ne les embarrassent plus,
& ceux ci même vont de pair avec
leurs peres & meres, qu'ils ne re-
connoissent presque plus.

On voit ces petits animaux sortir
des lieux retirez, & se répandre indifferemment de tous côtez : & il est
d'autant plus aisé de surprendre les
jeunes oiseaux, qu'ils n'ont point
encore été battus ni au fusil, ni par
les tendeurs ; de maniere que quoy

L l

qu'en cette saison on n'en voye pas
encore tant que dans l'Hiver, à cause des passagers qui viennent des re-
gions les plus froides : cependant on
en trouve assez en Automne, pour
pouvoir en faire une chasse tres-
copieuse ; il fait bon chasser en cette
saison : le temps est doux. au lieu
que pendant le froid ce divertissement coûte toûjours un peu de peine.

Sur la fin du mois d'Aoust on trouve la Tourterelle & le Ramier dans
les grains coupez ; c'est-là qu'ils vont
se repaître de celuy qui y est resté,
puis ils se perchent soir & matin, &
on les voit alors en troupe.

On chasse aussi les Perdreaux avec
le Chien, qui les fait partir devant
les tireurs : autrement il seroit difficile de les tirer à bas, à cause qu'ils
sont alors dans les chaumes, où on
ne les découvre qu'à peine : ils vont
pour l'ordinaire le long des ruisseaux
pendant la plus grande chaleur du
jour ; on les tirasse si l'on veut, ainsi
qu'on l'a enseigné dans le premier
volume, ou bien on les chasse à l'oiseau.

Dans cette même saison, on va

dans les grands lieux marécageux, & le long des étangs : mais il faut que ce soit dés les quatre heures du matin, ou même plûtôt, s'il est possible, & pour lors on voit partir des herbes tout le Gibier, qui y a passé la nuit, & qui se jette dans quelque chaume ou bled sarazin, pour y chercher de quoy vivre.

Le temps d'y faire bonne chasse est jusques à neuf heures que le Gibier retourne à l'eau, & se met sur le bord, pour y grenoüiller jusqu'à midi, qu'il se retire dans les lieux les plus herbus des marais & des étangs : il y reste jusqu'à quatre heures aprés midi, & en repart tout d'une volée pour aller aux grains, jusqu'à la nuit fermée ; & comme ces oiseaux marécageux vont en troupes, qu'ils sont jeunes, & que par consequent ils n'ont point encore été battus, les bons tireurs en font de beaux coups : on chasse aussi le Heron soir & matin, le long des eaux.

Il y a les bêtes fauves qu'on peut h asser en cette saison : Nous avons ss ez donné d'instructions là-dessus,

LI ij

on peut y avoir recours : elles fortent des taillis, lorfque le foleil va
fe coucher ; il fait bon les y quêter
alors à vingt pas du fort, & avec
un fufil bien chargé, obfervant de
fe mettre à l'oppofite du vent, afin
que ces animaux ne vous fentent
point.

. On chaffe auffi pour noir, & ces
animaux fe trouvent en plein jour
dans quelque fort hallier, ou prés
de quelques fourçes ou de quelques
fontaines, où ils vont faire leur
boutis, quand les grains & les raifins font bons ; & pour réüffir dans
cette chaffe, on fait des loges dans
quelque vigne ou bled, où l'on
fçait qu'ils viennent faire leurs mangeures, & là, armé d'un bon fufil
chargé à cartouche, on abbat quelquefois quelque Sanglier, à demie
heure du foleil couchant.

. Sur la fin de l'Automne, on a la
Gruë & les Oyes fauvages : il fait
bon les tirer alors, parce qu'on ne
les a point encore effarouchées, &
qu'elles defcendent dans les plaines
qui font découvertes, & qui font
proche de quelque grand marais &

étang, où elles se retirent pendant la nuit.

Elles vont en troupes, & partent du lieu où elles ont couché dés la pointe du jour. Ces oiseaux volent aux semailles dans les plus grandes campagnes, & paissent à la vûë des Laboureurs, tellement que pour y tirer, il est malaisé d'en aprocher, si on ne prend une charruë, c'est l'expedient le plus sûr; ou bien on se sert pour cela d'une charrette, derriere laquelle on se met, feignant de passer chemin.

Il faut que celuy qui conduit la charrete ou charruë, crie d'une voix haute aprés ces chevaux. Ces oiseaux que ce bruit n'épouvante point se laissent ainsi approcher de prés, ce qui donne aux Chasseurs un moyen facile de tirer dessus, & d'en tuer quelques-uns: ce n'est pas que cet expedient réüssisse toûjours, mais c'est le meilleur qu'on a trouvé jusques ici.

Les Gruës dans le païs où il y en a, & les Oyes sauvages se repaissent jusques à midi, aprés quoy elles vont boire dans les marais ou

dans les étangs, où elles restent jusques à trois heures, qu'elles prennent leur volée pour retourner dans
les plaines, chercher de la nourriture.

Le meilleur temps pour les tirer,
est le matin & le soir. Dans ce dernier temps & lorsqu'il est tard, elles
songent à s'aller coucher ; sçavoir,
les Oyes dans les étangs les plus spa-
cieux qu'elles peuvent trouver, &
dans les endroits les plus inacessi-
bles ; & les Gruës au milieu des
marais.

Les étangs fournissent aux Chasseurs beaucoup de Poules d'eau,
des Becassines, & plusieurs autres
sortes de petits Oiseaux marécageux, qu'ils peuvent tirer le long
des rivages.

On tire aussi l'Outarde en cette
faison: mais cet oiseau n'est pas commun en France ; on le trouve pour
l'ordinaire dans les grandes plaines
& dans un païs pierreux. Nous
avons dit la maniere de les prendre dans le premier volume, on
peut y avoir recours.

Instructions faciles pour tirer aux Oyes sauvages au milieu des eaux.

Ces oiseaux sont de difficile abord, lorsqu'ils sont dans les étangs, car leur méfiance les fait toûjours éloigner le plus qu'ils peuvent de la portée des Chasseurs : si bien que pour cela, on prend un petit bateau qu'on couvre de jonc d'un bout à l'autre, on le conduit dans l'endroit de l'eau, où les Oyes viennent boire en plein jour ; on le laisse là trois ou quatre jours ; pour les y accoûtumer, afin qu'elles n'en prennent point l'épouvante.

Ensuite, & lorsqu'elles seront allé paître on se met dedans trois ou quatre Chasseurs avec de bons fusils bien chargez, & lorsqu'ils voyent l'occasion propre, il faut qu'ils tirent tous ensemble, & sans doute ils ne manqueront point d'en abbattre beaucoup.

On se sert aussi de ce même artifice pour les tirer la nuit, quand il fait clair de Lune. Le plaisir en est grand, mais il faut pour cela ne les attirer ainfi qu'une fois le foir ; on peut encore fe cacher derriere un faule, faute de petit bateau, ou quelque autre chofe femblable ; fuppofé qu'on fe voye à portée de les tirer, & toûjours à l'endroit de l'étang par où on fçait qu'elles doivent revenir du pâturage ; elles volent pour lors en troupes & proche de terre, ce qui facilite beaucoup à les tirer en volant: mais quand elles ont été ainfi furprifes, les Oyes qui reftent ne reviennent plus à cet étang.

De la Chaffe d'Hiver.

C'eft dans cette faifon qu'on trouve le plus de Gibier, car outre nos oifeaux ordinaires, nous avons les Paffagers, qui viennent des païs Septentrionaux fe refugier en abondance dans les marais, le long des étangs & dans les rivieres

Quand le temps n'eft point à la gelée, on trouve le Gibier dans les étangs & dans les marais ; & quand il géle, il quitte ces lieux pour aller aux grandes rivieres, dans les ruiffeaux & dans les fontaines, &

aux

aux étangs gelez, où il y a des sour-
ces qui gelent rarement.

Quand la gelée est forte, on fait
un grand abbattis d'oiseaux marécageux, lorsqu'on est habile tireur,
& pour cela, il faut encore un petit
bateau, & s'habiller en païsan : ces
sortes de vêtemens ne les épouvan-
tent point, tant ils y sont accoûtumez, & on peut même en cet
équipage, tirer tout le jour & à
toute heure : cette maniere de chasser est assez heureuse & fort aisée,
pour peu qu'on s'arme de patience
contre le froid. Quand le dégel vient, il faut retourner sur le bord
des étangs & dans les marais : car
alors les oiseaux abandonnent les
rivieres.

Dans les Païs où il y a beaucoup
de poiriers, on trouve des Bifets &
des Ramiers en assez grande abondance ; il y fait bon à toutes les
heures du jour : on trouve les Pluviers & les Sarcelles dans les Païs
où il a plu, lorsque le dégel est
venu.

Quand il y a de la nége sur la
terre, la plûpart du Gibier se re-

Mm

fugie vers les grandes rivieres, ou ſur les terres aux environs.

Les Perdrix dans ce temps ſe laiſ-ſent rirer ſur la nége : on les y apperçoit de loin, & pour les mieux joindre à portée du fuſil, il faut aller vers elles en tournoyant.

Nous avons dit de quelle maniere on prenoit les Ramiers : cette Chaſ-ſe ſe fait de nuit dans cette ſai-ſon à grand bruit, & avec le fuſil.

Quand le temps eſt à la pluye, il ne fait pas bon chaſſer, car ou-tre l'incommod itédel'eau qu'onreſ-ſent, les oiſeaux ſont épars de tous côtez, & occupez à manger le verd, qui pour lors ſort de terre.

Voilà une idée ſuccinte des lieux où l'on peut trouver toutes ſortes de Gibier en toute ſaiſon, & aux heures convenables aux Chaſſes qui luy ſont particulieres.

Voici à preſent comment il faut charger le fuſil pour toutes ſortes d'oiſeaux, & autres animaux à qua-tre pieds, & de quelle maniere on peut les approcher,

Quel doit étre le fusil, & comment le charger pour toutes sortes de Gibier.

Lorsqu'on chasse à cheval, il suffit que le fusil ait trois pieds & de demi de longueur : si c'est sans cheval, il doit avoir quatre pieds.

Un hâbile tireur observe toûjours de ne tirer que d'une même sorte de poudre, dautant qu'en sçachant laforce, il se trompe moins en tirant, que lorsqu'il en change ; il faut que cette poudre soit faite en Eté ,& la conserver dans un vaisseau de cuivre, où elle se tient toûjours séche. Il y en a cependant qui la mettent dans de petits barils de bois, où elle se garde assez bien, & toûjours, en état de bien faire.

Al'égard des dragées dont on doit se servir, il y en a de trois sortes, pour tirer aux animaux ; sçavoir, de celle qui entre trois à trois de calibre dans un canon de fusil, de celle qui entre cinq à cinq : elle est fort menuë, ce qui fait qu'on mêle parmi de la larme à égale dose.

Pour tirer aux Oyes, vous uferez de dragée qui entrent trois à trois; & pour les canards, de celle qni entrent quatre à quatre : la plus menuë avec de la larme eft propre pour les Sarcelles, les Pluviers, les Ramiers, Ramerêts, les Bifets, & autres oifeaux de moyenne taille.

A l'égard des Gruës, les Outardes & les Cignes, on a pour eux une charge à part. La larme mêlée vaut mieux pour tirer, quand on eft à cheval, fur tout lorfqu'on peut approcher le Gibier, mais fans cela ne vous en fervez point, car elle ne porte pas loin.

Un Chaffeur qui fçait fon métier, doit proportionner la charge de poudre au fufil qu'il porte, & le fervir de plomb qui croit le plus convenable au Gibier qu'il veut chaffer. Il y en a qui veulent qu'on ne doive point mettre la dragée dans le fufil, qu'on ne voïe le Gibier qu'on veut tirer; parce, difent-ils, que s'il eft en monceau, il faut charger à un lit : au lieu que s'il eft pofé en une longue file, comme cela arrive le plus fouvent, on charge à deux lits, dautant que cette charge fait une traînée longue & étroite, & fait par ce moyen un plus grand massacre.

Si vous tirez à trois ou quatre canards, chargez à un lit : si c'est à troupes sur branches, vous ferez la même chose : si le nombre est plus grand, vous chargerez à deux lits, & observerez toûjours de prendre le rang en long, car si vous le prenez de travers, l'abbattis en sera mediocre.

Quand on tire à Lievres, à Lapins, ou Renards, on se sert de la dragée qui entre trois à trois ; ou lieu qu'aux bêtes fauves on a coûtume de charger de deux bales égales jointes avec un fil d'archal ; cela fait une grande ouverture : mais avec cela encore il faut tirer de plus prés qu'il est possible. Ces bales attachées ainsi l'une à l'autre, se nomment une *bale ramée.*

Si par hazard on avoit chargé pour Lievre, & qu'on rencontrât un Chevreüil, il ne faudroit pas laisser que de le tirer, car si le coup porte juste, il demeurera sur la place.

On bourre le fusil à l'ordinaire soit de papier ou d'autre chose, mais quand il est question de tirer ux Oyes, aux Grues ou aux Cignes au lieu du tapon de bourre qu'on met après la poudre, il faut y en mettre un fait comme il suit.

Prenez du suif & de la cire, mettez les dans une cuillier : il faut les trois quarts du premier, & un quart de l'autre; faites-les fondre, & trempez dedans une piece de vieux drapeau, que vous retirerez aussi-tôt, ce drapeau se roidira comme de la toile cirée.

Après cela, coupez-le par petits morceaux, gros chacun suffisamment pour faire un tapon de bourre ordinaire que vous mettrez sur la dragée : tel tapon porte bien plus loin qu'un autre, mais aussi est-il plus sujet à repousser le fusil, c'est à quoy on doit s'attendre.

Si vous voulez tirer aux Canards & à d'autres oiseaux plus petits, mettez le poids de quatre dragées de celle qui entre trois à trois, & observez que la poudre n'excede point la pesanteur de ces dragées :

mais au contraire, que le plomb
l'emporte plûtôt dans la balance.

Il faut remarquer que lorsqu'il ne
géle pas, les Canards se levent de
beaucoup plus loin que lorsqu'il
fait froid. Ainsi, pour y mieux atteindre, il faut mettre vingt-sept
dragées de celles du calibre de trois,
quinze aprés la poudre, puis bour-
rer dessus, & douze ensuite, & un
peu de bourre dessus pour les arrêter. S'il géle, il n'est pas besoin de cette précaution ; on n'aura
qu'à charger, comme on l'a dit,
car ces oiseaux se laissent approcher d'assez prés pour les pouvoir
tuer.

Ou bien sur autant de poudre qu'on
a marqué, mettez quarante trois
dragées de celle qui entrent quatre
à quatre, sçavoir, vingt-quatre au
premier lit, & le reste sur l'autre.

On donne pour les Bisets la mes-
me charge de poudre : mais on met
dessus un lit, approchant la pesanteur de trois balles de larmes ; &
pour n'y point être trompé, on fait
faire exprés une mesure de fer-
blanc, qui tient juste la charge con-

venable ; cela ôte la peine qu'on
a de compter ce plomb à chaque
fois qu'on en a befoin : la même
mefure fert, lorfqu'on veut tirer
à terre ou fur l'eau aux Sarcelles,
aux Pluviers, dans les prez ; aux
Bifets & Ramiers fur les arbres.

Vous pouvez encore tirer l'Oye
en cette maniere : mettez de la
poudre la pefanteur de trois dragées
de trois, plus qu'à tirer aux Canards ; ayez un tapon de drapeau,
comme on l'a dit ci deffus, & faites
un fer qui coupera dans la fente
des petits ronds de la grandeur
du calibre de vôtre canon ; puis
aprés les tapons, vous mettrez dans
un linge trois dragées de celles du
calibre de trois ; vous ferez une
platte-forme du lit de feutre, fur
laquelle vous mettrez trois dragées,
& continuërez ainfi jufqu'au nombre de dix-huit

Enfuite vous les coulerez à fond
toutes enfemble & les bourrerez :
quand cela eft fait, on y met cinq
poftes d'un coup, de la groffeur d'un pois : aprés quoy on
bourre. Ce coup porte fort loin.

Pour la Gruë, l'Oye & l'Outarde, vous mettrez même charge de poudre & de la dragée qui entre deux à deux : vous en mettrez huit que vous foulerez entre les deux couches, & trois postes pardessus : pour les grosses bêtes, il faut la même charge de poudre, & deux bales.

Il y a des fusils faits exprés pour tirer aux Oyes & aux Gruës ; ils font beaucoup plus longs que les autres : on met une once de bales, & de la poudre une charge convenable au canon.

Il faut remarquer qu'en Eté, les oiseaux vont seuls ou deux ensemble, que la poudre est plus séche, & conséquemment plus violente qu'en Hiver ; c'est pourquoy on ne doit point en mettre une charge si grosse, ainsi que de la menuë dragée.

Quand on a tiré il faut être soigneux de recharger aussi-tôt, parce que si on est long temps, le canon devient humide, & empêche la poudre de couler entierement au fond du fusil ; d'où vient souvent qu'elle ne fait que siffler, & prend feu lentement.

A quoy que ce foit qu'on tire,
il ne faut jamais defcendre de cheval à la vûë du Gibier, mais autant qu'on le peut, toûjours derriere
quelque haye, buiffon, ou arbre,
où on laiffera ceux qui fuivent : car
rien n'effarouche tant un animal
qu'un tireur qu'il voit, ainfi que des
gens arrêtez ; cela le met en dé-
fiance, & l'oblige à partir.

Un tireur doit toûjours gagner le
vent, & n'aller pas droit à la Chaffe, mais paffer à trois cens pas à
côté ; & quand il eft vis-à-vis fon
Gibier, il faut qu'il paffe outre,
& cette manœuvre luy ôte la méfiance.

Quand on l'a paffé, on commence à s'en approcher en tour-
nant, & lorfqu'on fe voit prefque à
portée, le chien du fufil baiffé, on
va droit choifir le rang où eft le
monceau plus ferré des oifeaux
qu'on chaffe ; & quoy qu'ils commencent à fe lever, on ne laiffe pas
que de tirer deffus, fur tout fi ce
font des Oyes, des Gruës, ou autres oifeaux qui vont par troupes.

Lorfqu'on tire aux Vaneaux, il

est bon d'avoir deux fusils chargez,
car si l'on en tuë quelqu'un du premier coup, & que les autres le
voyent, ils y volent tous, & tout
autour de la tête du Chasseur ; ce
qui fait qu'on en fait ordinairement
bonne Chasse, plûtôt lorsqu'il les
tire en l'air qu'à terre. On tuë aussi
de cette maniere les Mauviettes, car
elles ont le même instinct.

Ceux qui se plaisent à tirer aux
Merles, prennent ce passe-temps en
Hiver le long des hayes ; il ne faut
que de la menuë dragée & la moitié de la charge de poudre dont
on a parlé ; on se sert aussi souvent
de petis pois, & l'on en met une
poignée ; cela convient aussi dans
le temps de nége pour tirer aux
petits oiseaux qui vont par bandes.

Si vous voulez avoir le plaisir
dans l'obscurité de la nuit, de voir
joüer des Lapins autour d'une lanterne allumée, vous n'avez qu'à en
porter une dans une garenne, ou
dans un champ qui sera proche ;
vous les verrez aussi tôt accourir,
croyant que c'est la lueur du soleil
qui les frappe : alors on peut y ti-

rer fi l'on veut, & la tuërie en eft
bonne.

Les Carnards volent encore pendant la nuit à la lueur d'une lanterne ; & pour cela il faut fe mettre
dans un petit bateau & fur une riviere qui coule lentement ; au lieu
de lanterne on allume fur l'un des
bouts du bateau, un petit feu dans
un pot de terre, compofé de fuif
qui allume à trois lumignons,
gros chacun comme le doigt, qui
forment un feu pâle.

Tandis que ce feu brille, on fe
fait mener par un batelier qui tient
une péle par derriere fans faire
bruit; les Canards alors viennene
à vous, & paroiffent tout blancs,
& quand vous en êtes proche,
vous avez un filet en tramail au bout
d'une perche, dont vous les enve-
loppez, & les rirez à vous par ce
moyen.

Il y a une autre maniere pour
tirer au gros Giber, que celle dont
on a déja parlé. Voici comment elle
fe fait.

Aprés avoir chargé de poudre,
& que le tapon de drapeau eft def-

sus, on fait un bâton de calibre
juste au fusil, & fait en maniere
d'un moule à fusée, qui est percé;
puis on a un bâton qui entre dans
le trou, long de deux doigts.

Aprés cela, on bouche par un
bout le bâton de calibre avec du
papier trempé dans de la cire fon-
duë, afin que ce qu'on verse dedans
coule; puis par l'autre bout, mettant ce moule sur une table, on y
glisse quinze dragées de celles de
calibre de trois, aprés quoy on
fait fondre dans une cuillier trois
fois autant de suif que de cire jaune
qu'on verse dans ce moule, où il
se fond comme une chandelle.

Et quand il fait froid, il faut avoir
un bâton juste au calibre du moule,
pour faire sortir le tapon qui est dedans: quand il est hors, on a un
tuyau de fer, où on en met cinq
ou six pour s'en servir au besoin.

Ce tapon se met ordinairement
sur la charge de poudre, on le bourre aprés, & l'on met encore cinq
postes dessus: cette charge porte
fort loin, & il n'y a point de gros
Gibier, tel qu'il soit, qui ne tombe

lorfqu'il en eft atteint. Paffons au quatriéme & dernier Livre, qui traite de la Pêche.

Et pour celui du Lievre, les Gerfaux font les Oifeaux qu'on préfaire à tous les autrres : il faut qu'ils foient bien inftruits, & qu'auffi tôt qu'ils on lié leur proye, on leur prefente une poule, dont on leur laiffe prendre bonnes gorgées.

De la Chair qu'il faut donner aux Oifeaux de proye, quand on les afaite.

On leur donne un peu de la cuiffe ou du cou d'une poule, les tripailles leur font bons auffi, ce pât leur dilate le boyau.

Quan on paît les Oifeaux, il faut fe comporter ainfi, il faut les faire manger par pofes, & leur cacher quelquefois la chair, de peur qu'ils ne fe débattent : on leur fait auffi plumer des petits Oifeaux, comme ils ont coûtume de faire au bois, cela les afaite merveilleufement bien ; en prenant ces foins, il faut toûjours paître les Faucons tout chapronnez.

CHAPITRE. XVI.

De la Pesche.

IL n'y a rien de p'us amusant que la Pêche, ny qui interresse davantage à la Campagne, c'est un divertissement qui y plaît, mais comme il y a pusieurs sortes de poissons qu'on pêche, aussi y-a-t-il diverses manieres de pêcher. En voici quelques unes dont on va donner des instructions fort aisées à pratiquer.

De la Pêche des Anguilles.

Elles se pêchent à la nasse, qui est une espece de filet fort connu, & qu'on tend à la décharge d'un pertuis ou d'une vanne de moulin ; au défaut de ces deux endroits, on fait dans l'eau une haye avec des clayes qu'on arrête avec des pieux, il faut que ce soit dans une riviere qui ne soit point profonde.

Les Anguilles se prennent encore

avec des vers de terre les plus gros qu'on peut trouver, on les attache huit ou dix les uns prés des autres au bout d'un petit cordeau qu'on tient en main, puis on les jette dans l'eau ; si tôt que les Anguilles les aperçoivent, elles y accourent, & prenant chacune un vers qu'elles tiennent avidement, on tire à soy le cordeau, & on amene ainsi ce Poisson, quand on observe qu'il fait remüer ce cordeau : cette pêche se fait dans un petit batteau qu'on fait aller sur l'eau.

On peut si on veut attacher ces vers à des hameçons, & au lieu de vers se servir de peaux de Grenoüilles, ou de morceaux de poisson.

On pêche aussi les Anguilles à la foüine, cet instrument est fort connu, & quand on sçait bien s'en servir, on peut dire qu'on est assuré de faire bonne Pêche, où il y a de l'Anguille.

De la Pêche du Barbeaux.

L'hameçon dormant est le piege qu'on tend au Barbeau, quand on
veut

veut le pêcher : on en tend plusieurs
à la fois, & doivent chacun être
long d'un poûce, c'est au bout d'une
corde ordinairement qu'on les attache : on les jette le soir dans
l'eau, jusqu'au lendemain matin
qu'on y retourne pour les tirer,
& prendre le Barbeau qui y aura
donné.

On prend aussi ce poisson à la
fouine ; il faut pour cela que l'eau
soit fort claire, & qu'elle ne soit
pas beaucoup profonde.

De la Pêche du Brochet.

Ainsi que les poissons précédens,
le Brochet se prend à l'hameçon,
qui a pour apât d'autres petits
poissons : Il faut que les hameçons
soient forts ; il se prend aussi aux
bricoles, qu'on tend dans une eau
courante, & une pierre dedans pour
la faire aller au fond.

La ligne volante est encore un
piege qu'on tend au Brochet : on
l'attache au bout d'une perche, &
pour apât, on y met du goujon ou
autre petit poisson ; il faut jetter

cette ligne le plus avant qu'on peut,
& se promenant sur le bord d'une
riviere, ou d'un Etang : on fait remuer cette ligne, ce mouvement
réveille le poisson & l'attire, il faut
de la patience à cette Pêche, ainsi
qu'aux autres.

De la Pêche de la Carpe.

Les Carpes se pêchent à la ligne,
& pour cela, il faut des hameçons
à l'ordinaire, & des lignes de soye
verte, fortes & grosses comme une
grosse corde à violon : quand on
veut se servir de ces lignes, on les
attache à de grandes gaules attachées au bout de quelqu'autres bâtons qui soient longs & gros comme le doigt; ces lignes doivent être
longues de cinq à six toises; on les
entortille autour du bras, & on
n'en laisse de longueur qu'autant
qu'on le juge à propos; on met pour
amorce à ces hameçons des vers de
terre.

On pêche encore les carpes à la
truble, qui est une espece de filet
assez commun.

De la Pêche des petits Poissons.

Les petits poissons, comme le Chabot & le Goujon, se prennent à la nasse dans les rivieres, ou à la fouine, de jour ou au clair de la Lune; ils viennent sur le bord de l'eau, on trouve aussi de ces poissons dans les ruisseaux : la vraye saison de les pêcher est depuis le mois de Novembre jusqu'à Pâque. Le Chabot ny le Goujon ne donnent point à l'apât : ainsi il est nutile de leur tendre l'hameçon.

Le Meunier se prend à l'hameçon, parce que ce poisson est fort avide à l'amorce, qui pour l'ordinaire est de vers de terre, ou de ceux qu'on prend sur des charognes; la Loche se pêche de la même maniere.

De la Pêche du Saumon.

Le Saumon se prend au grand filet ou à la nasse, ou bien avec la fouine; c'est aux mois de May qu'on le pêche avec ce dernier instrument, & en Mars avec les filets.

N n ij

De la Pêche de la Truite.

Les *Truites* se pêchent dans les ruisseaux, où l'on sçait qu'il y en a, & pour cela, on en détourne le courant de l'eau par le moïen d'un bâtardeau, & quand le ruisseau est à sec, ces poissons se laissent aisément prendre à la main, ils se pêchent aussi à l'hameçon apâté de vers.

De la Pêche des Grenouilles, & des Ecrevisses.

Les Grenoüilles se prennent de differentes manieres, on les pêche au feu avec des torches de paille qu'on porte dans les lieux qu'on sçait en être fournis, on se met dans l'eau, on ramasse les Grenoüilles qui sont tout autour de soy, & qui se laissent prendre sans peine, & on les met en quelque ustencile qu'on tient entre ses jambes comme un sac, par exemple ; il faut garder un grand silence quand on pêche des Grenoüilles, autrement la Pê-

che en est tres-mediocre ; plus le
tems est obscur, meilleur il y fait.

D'autres pour pêcher beaucoup de
Grenoüilles, prennent un verre
qu'ils mettent sur une Grenoüille
aprés l'avoir renversé ; & sur le bord
d'un étang ou d'un autre endroit
aquatique où l'on sçait qu'il y a des
Grenoüilles, & pour faire ensorte
que la Grenoüille n'ôte point le
verre de sa situation, & ne sorte
de dessous, on met une pierre sur
le cul de ce verre.

Cela fait retirez-vous sans faire
de bruit ; & lorsque la Grenoüille
qui est sous le verre aura crié,
prenez une petite truble, ou un panier à vendangeur, attaché au bout
d'une Perche, plongez-le dans
l'eau : glissez-le adroitement dessous les Grenoüilles qui seront ac-
courües au cri de celle qui est sous
le verre, & levez vôtre truble ou
vôtre panier ; & alors vous prendrez beaucoup de Grenoüilles.

Comment prendre les Ecrevisses.

Les Ecrevisses se pêchent de diffe-

rentes manieres, on prend pour cela
une petite perche, au bout de laquelle on met pour apât une Grenoüille, puis on tend cet apât aux
trous où l'on croit qu'il y a des Ecrevisses, qui ne manquent point de
donner à l'amorce; on glisse dessous
une petite truble, ou un panier
comme on l'a dit à l'Article des
Grenoüilles; puis on le leve doucement, & pour lors on prend beaucoup d'Ecrevisses.

On pêche les Ecrevisses à la main,
& pour cela on se met dans l'eau,
& l'on fourre son bras dans les
trous, où l'on juge qu'il y peut
avoir des Ecrevisses, qu'on tire
avec la main.

Autrement.

Ayez la carcasse d'un chien ou
d'un chat, ou d'un vieux Lievre,
mettez-la pourir dans du fumier
pendant l'espace de huit jours,
portez aprés cela dans l'eau cette
charogne, & dans les endroits où
vous sçaurez qu'il y a des Ecrevisses, attachez-la avec une pierre.

cela se doit faire le soir, puis y retourner le lendemain, la charogne sera toute garnie d'Ecrevisses qui seront aisées à prendre. On peut apâter ainsi ces sortes de petits poissons, jusqu'à deux fois par jour.

Autre secret.

Au lieu de la charogne précédente, on prend une vieille morüe qu'on laisse pourrir aussi dans le fumier pendant quinze jours, les Ecrevisses s'y attachent en aussi grande abondance ; & pour ne rien perdre de cette pêche, on glisse dessous cette morüe un panier ou une petite truble, afin que s'il vient a s'en détacher, elles tombent dedans.

CHAPITRE XVII.

De plusieurs autres Secrets pour prendre toutes sortes de Poissons d'eau douce.

Secret pour en amasser beaucoup en un endroit.

PRenez trois dragmes pesant de Marjolaine bâtarde, autant de Sariette, ajoûtez-y huit dragmes de Myrrhe, autant de bol Armenien, & pareille dose d'écorce d'encens, avec trois onces de foye de Porc rôty, autant de graisse de Chevre, & autant d'ail, le tout pilé separement, & incorporé dans une pâte faite avec de la farine d'orge détrempée avec du vin, auquel on aura donné quelque odeur ; cela fait, on met de cette composition dans les rivieres ou ruisseaux, où l'on sçait qu'il y a du poisson : il ne manque point de courir à cette amorce, & on le prend ou avec une truble, ou d'autres filets. D'autres

D'autres prennent d'une herbe apellée, *Delphinium male*, qu'ils pilent, & dont ils prennent le suc qu'ils jettent dans l'eau, & disent que les poissons y accourent, & qu'il est aisé de les prendre alors à la main.

Autre secret pour prendre toutes sortes de Poissons.

Vous prenez du sang d'une Chevre, de la lie de vin, un peu d'encens, & de la farine d'orge ; mêlez le tout ensemble, ajoûtez-y du poulmon de Chevre coupé menu, jettez cet apât dans l'eau, & aux endroits où vous sçaurez qu'il y aura du poisson, & vous le prendrez aisément à la main, ou avec une petite truble, un panier ou autre utencile de cette nature.

Autre secret.

Il faut prendre de la graisse de Brebis, du Sizame rôty, de l'ail, un peu d'encens, de l'onguent, du thim, du Romarin sec, & de cha-

Oo

cun mediocrement, piler le tout
enfemble, & le partager en petits
boles que vous jetterez dans l'eau,
les poiffons courent à cette amorce,
& fe laiffent prendre facilement.

Autre pour endormir les Poiffons.

Les poiffons ne font jamais plus
aifez à prendre, que lofqu'on peut
trouver le moïen de les endormir ;
c'eft à quoi on réüffit, fi on prend
une once d'efturgeon le plus puant
qui fera poffible, une once de jeunes papillons, de l'anis & du fromage de Chevre, de chacun trois
dragmes, deux de fuc de pruneaux,
autant de fang de cochon, & quatre
de galbanum ; puis on pile le tout
enfemble, & aprés y avoir mêlé
un peu de vin, on en fait des boles qu'on laiffe fécher à l'ombre ;
étant fecs, on s'en va fur le bord
des rivieres, ou autres endroits où
l'on fçait qu'il y a du poiffon ; on
jette de cet apât, & lorfque les
poiffons en ont avalé, ils s'endorment auffi-tôt, de maniere qu'on
peut les prendre aifément à la main.

Autrement.

Ou bien faites une pâte de farine d'orge, que vous mettrez en petites boulettes grosses comme des pillules ; & que vous jetterez dans l'eau, cela operera l'effet que vous en attendrez.

Autre secret pour prendre toutes sorte de petits Poissons.

Ayez de la graine de roses qui se trouve dans les grate-culs, quelques grains de moutarde, & les jettez en l'eau, les poissons y accoureront.

Autrement.

Prenez des coques de Levant, avec du Cumin, du vieux fromage, de la farine de froment & du vin, broyez le tout ensemble, & en formez comme de petites pillules que vous jetterez dans une riviere ou autre lieu où vous sçaurez qu'il y aura du poisson : il faut que l'eau ne soit point agitée ; tous les poissons.

sons qui prendront de cette amorce, viendront se rendre au bord
de l'eau comme endormis & eny-
vrez, & se laisseront prendre à la
main & sans peine.

Il y en a qui prennent simplement
de la fleur de soucy, qu'ils coupent
par morceaux; cet apât étourdit
les poissons, quelque gros qu'ils
puissent être, de maniere qu'ils se
laissent prendre aisément à la
main.

Autrement.

Prenez quatre feüilles de nard
celtique, une de souche de la grosseur d'une féve, de la Myrrhe
d'Egypte, du cumin autant qu'on
peut en prendre avec trois doigts,
une poignée de semence d'anis;
pilez bien le tout ensemble, & le
passez à travers un crible, mettez-
le dans quelque petit vaisseau,
broyez bien le tout ensemble, aprés
y avoir exprimé le suc & le sang
de quelque carpe morte ou de quelqu'autre poisson, aprés cela, servez-
vous de cette amorce & vous en
verrez l'effet; elle est d'usage en
toute saison.

Secret particulier pour prendre le Bar-
beau à la main.

Vous prendrez huit dragmes d'e-
fquilles de féve, qui font une efpece
d'oignon qui croît dans les lieux
marecageux, autant de lentilles entieres rôties ; vous les piferez enfemble, & les incorporerez dans le
blanc d'un œuf ; enfuite vous en
formerez de petites boulettes, dont
vous vous fervirez, quand vous
voudrez prendre du Barbeau à la
main.

Autre pour prendre des Lamproyes

Prenez de la chair d'Efturgeon,
huit dragmes de graine de ruë fauvage, autant de graiffe de veau,
mêlez le tout enfemble, pilez-le
bien, puis vous en formerez des
boulettes groffes comme des pois
que vous jetterez dans les endroits
où vous fçaurez qu'il y a des Lamproyes, & vous les prendrez aifément à la main, parce que cette
amorce à laquelle ils courent, les
étourdit.

Autre pour prendre des Anguilles.

Il faut prendre huit dragmes de
scolopendre de mer ; c'est une espece de poisson, autant de squilles
qui sont des especes d'Ecrevisses, &
une dragme de Jugioline, mêler le
tout ensemble, & s'en servir d'apât
comme des autres.

CHAPITRE XVIII.

Autres Secrets pour pêcher des Poissons de Mer.

Comment prendre les Poli-pes, & les Seches.

COmme on ne donne point ce
Livre cy seulement pour ceux
qui habitent prés des rivieres & des
ruisseaux, mais encore en faveur de
ceux qui font proche de la mer ; on
a cru devoir mettre des secrets pour
y pêcher du poisson.

Le *Polipe* est un poisson, qui lors

qu'ils n'a pas dequoi se nourrir,
mange, dit on, quelquefois ses bras;
il en a jusqu'au nombre de huit, &
ce qui a été mangé, renaît ensuite:
ce poisson jette une humeur qui est
de couleur de pourpre.

La *Seche* est un poisson long d'environ de deux coudées ; on dit qu'il
n'a point de sang, qu'il n'est pas
trop bon à manger, mais qu'on le
pêche à cause de ses os qui sont
tres-propres à faire des creusets à
Orfévres. Pour pêcher ces deux
poissons on prend seize dragmes de
sel ammoniac, huit de beurre de
Chevre, on pile le tout ensemble,
puis on en frotte du linge sans our-
let ; cela fait, on jette ce linge dans
l'eau, & ces poissons ne l'ont pas
plûtôt aperceu qu'ils y accourent
pour y mordre. Cet apât les endort,
mais il faut aussi-tôt jetter le filet
dessus, & on les prend ainsi aisément.

Secret pour prendre les Tortües.

Prenez six dragmes de sel ammoniac, autant de graisse de veau,
une dragme d'oignon, incorporez

O o iiij

le tout enfemble, aprés cela frottez-en des hameçons faits en maniere de féves, jettez les dans l'eau,
& les tortües qui aiment l'odeur
de cette mixtion, viendront s'y
prendre.

Comment prendre des Mages Marins.

Il faut prendre un membre de
Mouton, le mettre en un pot de
terre neuve, & le bien boûcher, de
forte que l'air n'y entre point; enfuite mettez ce pot dans un four-
neau de terre, afin que la viande y
cuife, & amoliffe bien; cela fait,
vous prenez de cet apât, & le jettez
en l'eau par petis morceaux; les
Mages qui en font friands, y donnent avidement, & s'endorment
auffi-tôt : ce qui en rend la prife
aifée : ces Mages, felon Rondelet,
font des efpeces de cancres de mer.

De la maniere de pêcher les Cancres.

Un *Cancre* eft une Ecreviffe
de mer, qui a le corps rond. Il y
en a que les Italiens apellent *Cranc-*

euoli, d'autres les nomment *Squaranchon* ou *Granciponol*, les Provençaux *Squinado*. Voici comment ce poisson se pêche.

On prend de la décoction de miel de sautrelles, & des vers de terre, on pile le tout ensemble, les arrosant avec de l'eau, & on en fait une mixtion épaisse comme du miel ; cela fait on jette cette amorce dans l'eau, & elle étourdit les cancres qui en sont friands.

Secret pour pêcher les Tons.

Vous prendrez des noix, vous les brûlerez sur la cendre, & les pilerez aprés avec de la Marjolaine, joignez y du pain imbibé d'eau & du fromage de Chevre, incorporez bien le tout ensemble, & en formez de petits bolus que vous jetterez aux Tons. Ce poisson se pêche avec grand bruit, quand on le prend aux filets. On l'appelle *Cordelle* quand il est jeune, & au sortir de l'œuf ; lorsqu'il est plus grand, on le nomme *Limáin*, *Pelanyde* quand il quitte la boüe, & *Ton* quand il passe un pied de grandeur.

Des moyens de prendre le Pâtenaque.

C'est un poisson qui est de la figure d'une Raye, & qu'on appelle autrement *Tarec cronde*, il est bon à manger, hormis la tête & la queüe, on le prend ainsi.

Ayez de la fiente d'Hirondeles, broyez-la bien, & la pâitrissez avec de la farine de seigle; dont vous ferez des bolus, ou bien faites cuire sur une assiete de la graine de laitüe, en y infusant du beurre, mêlez-y de la fleur de farine, formez une paste du tout, que vous jetterez par petits morceaux, que ce poisson avallera; cet apât l'étourdira aussi-tôt, & il sera aisé a prendre pour lors.

CHAPITRE. XIX.

De plusieurs secrets qui regardent les Oiseaux.

LEs Oiseaux sont un divertissement de Campagne qui se prend le plus ordinairement par la Jeunesse ; elle aime a les surprendre de plusieures manieres, afin de s'en servir ou pour les élever en cage, ou pour les manger quand ils sont pris, c'est pourquoi on a jugé à propos de dire quelque chose sur cette agreable Chasse.

De diverses manieres de prendre les Oiseaux.

Les Oiseaux se prennent à la glu sur le bord des ruisseaux, ou à la pipée ; la pipée est une chasse qui se fait ordinairement avec des gluaux preparez sur un arbre, tandis que l'Oiseleur caché dans un buisson, attire les Oiseaux avec des pipées,

ou par le moyen d'un hibou, dont
le cri est encore plus puissant pour
les attirer ; il n'est guéres de païsan à la Campagne qui ne sçache
cet amusement.

On prend encore les Oiseaux au
trebuche, qui est une espece de petite
cage, dont la partie superieure est
ouverte , & arrêtée si delicatement,
que pour peu qu'on y touche, le
ressort se lâche & la ferme , ensorte
que l'Oiseau qui y st entré, se trouve
pris : Il est encore d'autres machi-
nes dont on se sert pour prendre
ces petits animaux , lorsqu'on veut
les élever en cage.

CHAPITRE XX.

De quelques instructions plaisan-
tes qu'on peut donner aux Oi-
seaux qu'on éleve en cage.

LEs Oiseaux qu'on éleve en cage
se nourrissent selon leur nature,
les un vivent de grain comme de
chenevis, millet & autres , & les

autres de chair, ou de fromage ; aprés cela on les nourrit ou pour leur chant naturel, ou pour leur aprendre à fifler ou à parler.

Pour bien aprendre à parler aux Oifeaux, il faut toûjours que ce foit dans l'obfcurité, c'eft-à dire le foir, & fe fervir d'une chandelle qu'on leur expofe devant leur cage ; les tenebres rendent les Oifeaux plus attentifs à ce qu'on leur enfeigne, & plus fufceptibles par confé-quent des fons qu'ils entendent : la lumiere qu'on leur oppofe, eft pour les réveiller un peu du fom-mesil où les tenebres trop profon-des ont coûtume de les jetter.

Il faut donc obferver ces deux cir-conftances quand on veut enfeigner des Oifeaux à fifler ou à parler, & leur articuler bien les airs ou les paroles dont on veut les fraper : ce petit exercice demande un peu de patience, & on doit pour y réüffir, choifir toûjours de jeunes Oifeaux.

Autre inftruction pour les petits Oifeaux.

Ceux qui nourriffent des Char-

donnerets, les inftruilent à chanter
d'une autre maniere plus plaifante.
Voici comment. Ils leur attachent
un petit fil au pied, qu'on lie à un
demi cercle de bois attaché à une
tablette où il y a un miroir, au
deffous de ce demi cercle, où en
eft un autre un peu plus grand, afin
que faifant un efcalier, ils puiffent
décendre de l'un à l'autre. Cet Oifeau qui va ainfi fautillant, & qui
fe voit dans ce miroir, croit que
c'eft un autre Oifeau de fon efpece
qu'il y voit, ce qui l'encourage.

Ce que deffus obfervé on met du
côté du demi cercle d'enhaut deux
petits feaux de fer blanc, l'un rempli de grain, & l'autre d'eau, & ac-
commodé de maniere, que le char-
donneret tirant l'un de ces feaux à
lui felon qu'il a befoin de boire ou
de manger, l'autre defcende, comme
cela fe voit à un puits où l'on puife
de l'eau : quand un Oifeau eft bien
inftruit à ce manége, on peut dire
qu'il donne beaucoup de plaifir.

*Secret pour prendre des Oifeaux à la
main.*

Ayez de l'ellebore blanc, mêlez en parmi la nourriture dont vous voulez vous fervir pour appâter vos Oifeaux, qui n'en n'auront pas plûtôt pris qu'ils tomberont tout étourdis.

D'autres prennent du grain qu'ils mettent tremper dans de la lie de vin, ou dans de la décoction d'ellebore blanc avec du fiel de bœuf; cela opere le même effet que deffus.

Il s'y prend à ces apâts des perdrix, des oyes fauvages dans la faifon & des canards; mais à l'égard de ces derniers, il eft bon d'attacher des canards domeftiques un peu éloignez de la nourriture qu'on jette pour prendre les autres qui voïant ces domeftiques volent à eux, & mangent de l'amorce qu'on leur tend, & qui les étourdit de maniere qu'ils en tombent à bas.

Contre les Poux des Oifeaux.

Si les Oifeaux ont des Poux, il les faudra frotter d'huile de lin; elle détruira cette vermine.

FIN.

TABLE
DESMATIERES

Contenues au prefent Volume.

Par ordre Alphabetique.

A

P p

C

D

E

F

G

H

I

L.

M

Myrrhes

P

S

T

V

Fin de la Table des Matieres.

www.ingramcontent.com/pod-product-compliance
Lightning Source LLC
Chambersburg PA
CBHW031621210326
41599CB00021B/3247

* 9 7 8 2 0 1 2 6 8 7 9 9 8 *